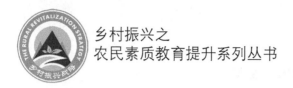

乡村振兴之
农民素质教育提升系列丛书

农用地膜
应用与污染防治技术

张宪光　段 奕　黄连华　主编

中国农业科学技术出版社

图书在版编目（CIP）数据

农用地膜应用与污染防治技术／张宪光，段奕，黄连华主编. —北京：中国农业科学技术出版社，2020.8

（乡村振兴之农民素质教育提升系列丛书）

ISBN 978-7-5116-4853-2

Ⅰ.①农… Ⅱ.①张…②段…③黄… Ⅲ.①地膜栽培②农用薄膜–污染防治 Ⅳ.①S316②X71

中国版本图书馆 CIP 数据核字（2020）第 117494 号

责任编辑　周　朋　徐　毅
责任校对　马广洋

出 版 者　中国农业科学技术出版社
　　　　　北京市中关村南大街 12 号　邮编：100081
电　　话　（010）82106631（编辑室）　（010）82109702（发行部）
　　　　　（010）82109709（读者服务部）
传　　真　（010）82106631
网　　址　http://www.castp.cn
经 销 者　各地新华书店
印 刷 者　北京建宏印刷有限公司
开　　本　850 mm×1 168 mm　1/32
印　　张　5
字　　数　109 千字
版　　次　2020 年 8 月第 1 版　2020 年 8 月第 1 次印刷
定　　价　26.00 元

前　言

　　农用地膜是在农业生产中直接覆盖于栽培畦或近地面的塑料薄膜的总称。它是重要的农业生产资料，具有增温、保墒等功能，能有效提高农作物产量和品质，为保障主要农产品有效供给和国家粮食安全作出了重大贡献。但是长期以来，由于重使用、轻回收，加之残留地膜不容易分解，对土壤和环境造成了严重的污染，成为制约绿色农业发展的突出环境问题。为此，农业农村部、国家发展改革委员会等6部门联合印发《关于加快推进农用地膜污染防治的意见》，推进地膜污染防治工作有序开展。

　　本书首先对农用地膜进行了概述，包括农用地膜的种类、农用地膜覆盖的作用、农用地膜的发展与应用等内容；其次分别介绍了东北、西北、华北、西南的主要农作物的农用地膜应用技术；再次介绍了农用地膜污染的影响及成因；最后阐述了农用地膜污染防治途径。本书内容丰富、语言通俗，具有较强的科学性和实用性，适合农业技术人员和农业从业人员阅读和应用。

　　由于编者水平所限，书中疏漏之处在所难免，恳请专家、同仁及广大读者批评指正。

编　者

2020年4月

目　录

第一章　农用地膜概述

第一节　农用地膜的种类

随着塑料工业科技发展，应用于农业生产的地膜种类不断更新和扩大。根据地膜的制造方法不同，分为压延地膜、吹塑地膜；根据地膜所具有的某些特殊性能，分为育秧地膜、无滴地膜、有色地膜等；根据地膜的不同厚度和宽度，又有各种不同规格，如超薄覆盖地膜、宽幅地膜等。目前，生产中常用的地膜主要是透明地膜、有色地膜、特种地膜、可降解地膜、多功能型地膜等。

一、透明地膜

透明地膜（图1-1）是应用最普遍的地膜，因此也称普通地膜，厚0.005~0.015mm，幅宽80~300cm不等。其透光率和热辐射率达90%以上，保温、保墒功能显著，还有一定的反光作用，广泛用于春季增温和蓄水保墒。缺点是当土壤湿度大时，膜内会形成雾滴影响透光。

根据使用塑料原料的不同，透明地膜分为聚氯乙烯塑料地膜、聚乙烯塑料地膜。由于聚氯乙烯地膜的机械强度较大、抗老化性能较好，且弹性好，拉伸后可以复原，是我国农业生产上推广应用时间最长、使用量最大的一种。聚乙烯地膜是近年推广应用的品种，由于它的制造工艺简单、透气性和导热性能好、密度较小（为聚氯乙烯地膜的76%左右），用量正在大幅增长。

图1-1　透明地膜

二、有色地膜

有色地膜，顾名思义是有颜色的地膜。根据不同染料对太阳光中不同波长的光有不同的反射率与吸收率，以及不同颜色的光对作物、害虫有不同影响的原理，人们在地膜原料中加入各种颜色的染料制成有色地膜，主要有黑色地膜、银色地膜、黑白条带地膜等。根据不同要求，选择适当颜色的地膜，可达到增产增收和改善品质的目的。部分有色地膜的特性，见表1-1。

表1-1 部分有色地膜的特性

地膜种类	合成材料、厚度	作用	适用地区	适用作物
黑色及半黑地膜	在聚乙烯树脂原料中加入2%～3%的炭黑母料，厚0.01～0.03mm	除草、保湿、护根	多草而劳力紧张的高温季节或区域	蔬菜、棉花、甜菜、西瓜、花生等
绿色地膜	在聚乙烯树脂原料中加入一定量绿色母料，厚0.01～0.015mm	增温、提高作物品质	杂草多的地区	经济价值高的作物或设施栽培
银灰色地膜	在聚乙烯树脂原料中加入含铝的银灰色母料，厚0.015～0.02mm	增温、增光、保墒、驱避蚜虫、防病、抗热、提高作物品质	普遍适应	烟草、棉花、蔬菜等
黑白双面地膜	由乳白色膜和黑色膜二层复合而成，厚0.02～0.025mm	增加近地面反射，降低地温，保湿、灭草、护根等	夏季高温地区	蔬菜、瓜类的抗热栽培

1. 黑色地膜

黑色地膜（图1-2）是在聚乙烯树脂原料中加入2%～3%的炭黑母料，挤出吹塑加工而成，厚0.01～0.03mm。黑色地膜透光率为1%～3%，热辐射为30%～40%。由于它几乎不透光，阳光大部分被膜吸收，膜下杂草不能进行光合作用，因缺光黄化而死。覆盖黑色地膜，灭草率可达100%，除草、保湿、护根效果稳定可靠。黑色地膜在阳光照射下，本身增温快、保湿程度高，但传给土壤的热量较少，故增温作用不如透明膜，在夏季白天还有降温作用。防止土壤水分蒸发的性能比无色透明膜强。黑色地膜一般可使土温升高1~3℃，但自身也较易因高温而老化。黑色地膜适用于杂草丛生地块和在高温季节栽培的蔬菜及果园，特别适宜于夏秋季节的防高温栽培，可以为作物根系创造一个良好的生长发育环境，提高产量。如在烟草定植后，用黑色薄膜覆盖，能抑制杂草生长，促使烟苗良好发育。黑色地膜在蔬菜、棉花、甜菜、西瓜、花生等作物上均可应用。

图1-2　黑色地膜

2. 绿色地膜

绿色地膜（图1-3）是在聚乙烯树脂原料中加入一定量的绿色母料，挤出吹塑而成，厚0.01~0.015mm。绿色地膜覆盖使植物进行光合作用所需的可见光（波长0.4~0.72μm）透过量减少，而绿光增加，因而能抑制杂草的叶绿素形成，降低地膜覆盖下杂草的光合作用，达到抑制杂草生长的目的。它对于土壤的增温作用强于黑色膜，但不如透明膜。因此，绿色地膜的作用是以除草为主、增温为辅，可替代黑色地膜用于春季除草，对茄子、甜椒、草莓等作物也有促进地上部生长和改进品质的作用。但绿色地膜价格较贵，且易老化，使用期较短，所以可在一些经济价值较高的作物上或设施栽培时使用。

图1-3　绿色地膜

3. 银灰色地膜

银灰色地膜是在聚乙烯树脂原料中加入含铝的银灰色母料，挤出吹塑而成，厚0.015~0.02mm。银灰色地膜透光率在60%左右，除具有普通地膜的增温、增光、保墒及防病虫作用外，突出特点是可以反射紫外光，能驱避蚜虫，减轻蚜虫传播的病毒病的发生和蔓延。主要用于在夏秋季高温期间防蚜、防病、抗热栽培。实践证明，夏秋季节用银灰色地膜覆盖黄瓜、西瓜、番茄、菠菜、芹菜、莴苣、棉花、烟草等作物，不但有良好的防病虫作用，还能改善这些农作物的品质。

4. 条带地膜

条带地膜主要有银灰色条带地膜（图1-4）和黑白条带地膜（图1-5）。银灰色条带地膜是在透明或黑色地膜上，纵向均匀地印上6~8条2cm宽的银灰色条带。这种地膜除具有一般地膜的性能外，还有避蚜、防病毒病的作用。银灰色条带地膜比全部银灰色避蚜地膜的成本明显降低，且避蚜效果也略有提高。黑白条带地膜中间为白色，利于土壤增温；两侧为黑色，可抑制垄旁杂草滋生。

图1-4 银灰色条带地膜

图1-5 黑白条带地膜

5. 蓝色地膜

　　蓝色地膜（图1-6）的主要特点是保温性能好，在弱光照射条件下，透光率高于普通地膜；在强光照射条件下，透光率低于普通地膜。蓝色地膜用于水稻育苗，苗壮、根多、成苗率高；用于蔬菜、花生和草莓等作物，能抑制十字花科

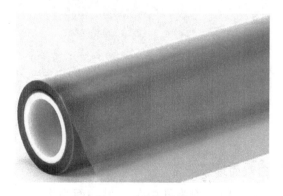

图1-6 蓝色地膜

蔬菜的黑斑病菌生长，具有明显的增产和提高品质的作用。

6. 红色地膜

美国农业科研人员研究了彩色地膜对草莓和番茄及其他作物的增产效果，发现红色地膜比黑色地膜更能刺激作物生长，植物能得到更多的能量进行光合作用。红色地膜（图1-7）能透射红光，同时可阻挡其他不利于作物生长的色光透过，因此使作物生长旺盛。实践证明，红色地膜能满足水稻、玉米、甜菜等对红光的需要，可使水稻秧苗生长旺盛，甜菜含糖量增加，胡萝卜长得大，韭菜叶宽肉厚、收获期提前。

图1-7 红色地膜

7. 黑白双面地膜

黑白双面地膜一面为乳白色，另一面为黑色，厚0.02~

0.025mm。乳白色向上，有反光降温作用；黑色向下，有灭草作用。由于黑白双面地膜在夏季高温时降温除草效果比黑色地膜更好，因此，主要用于夏秋蔬菜、瓜果类抗热栽培，具有降温、保水、增光、灭草等功能。

8. 其他有色地膜

除上述有色地膜外，还有乳白地膜、黄色地膜、紫色地膜等。乳白地膜热辐射率达80%~90%，接近透明地膜，透光率只有40%，对杂草有一定的抑制作用，主要用于平铺覆盖，可较好解决透明地膜覆盖草害严重的问题。用黄色地膜覆盖栽培黄瓜，可促其现蕾开花，增产1~1.5倍；覆盖栽培芹菜和莴苣，可使植株生长高大，抽薹推迟；覆盖矮秆扁豆，可使植株节间增长，生长壮实。紫色地膜主要用于冬春季温室或塑料大棚的茄果类和绿叶类蔬菜栽培，可提高其品质和产量。

总之，有色地膜在我国农业生产上的应用时间不长，但从试验结果来看，它与透明地膜相比，有增加农作物产量、提高农产品质量、减轻植物病虫害等效果。但有色地膜针对性较强，在使用时要根据农作物种类和当地的自然条件进行选择。例如，黄色地膜对黄瓜有明显的增产作用；而蓝色地膜虽然能提高香菜维生素C的含量，但会使黄瓜的产量降低。此外，由于太阳光照射的强弱与不同地区的地理纬度有关，光质与光量的关系又十分复杂等原因，要求我们在使用有色地膜时，必须经过仔细研究与实践，在取得一定经验后再进行推广。

三、特种地膜

特种地膜是指有特殊功能的地膜，主要有除草地膜、有孔地膜、反光地膜、渗水地膜等。

1. 除草地膜

化学除草地膜（图 1-8）是在地膜制造过程中掺入除草剂的一类地膜。除草地膜除具有一般地膜的增温、增光、保墒及防病虫作用外，还具有防除田间杂草的功能。除草地膜覆盖后单面析出除草剂达 70%~80%。膜内凝聚的水滴溶解除草剂后滴入土壤杀死杂草，或是杂草触及地膜时也会被除草剂杀死。有实验表明，除草地膜的杀草效果明显。在覆膜 1 个月后调查杂草生长情况，未覆盖除草地膜的地面，每平方米有杂草 415 株，而覆盖除草地膜的地面，每平方米只有杂草 31 株。

图 1-8 除草地膜

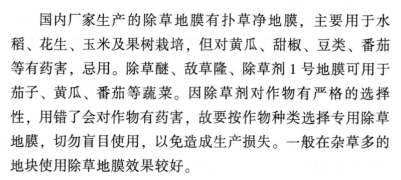

国内厂家生产的除草地膜有扑草净地膜，主要用于水稻、花生、玉米及果树栽培，但对黄瓜、甜椒、豆类、番茄等有药害，忌用。除草醚、敌草隆、除草剂1号地膜可用于茄子、黄瓜、番茄等蔬菜。因除草剂对作物有严格的选择性，用错了会对作物有药害，故要按作物种类选择专用除草地膜，切勿盲目使用，以免造成生产损失。一般在杂草多的地块使用除草地膜效果较好。

2．有孔地膜

有孔地膜（图1-9）是在地膜吹塑成型后，根据作物对株行距的要求，在膜上打大小、形状不同的孔。铺膜后不用再打孔，即可播种或定植，既省工又标准。打孔的形式有两种。一种是切孔膜，即在膜上按一定幅度作断续条状切口。适宜撒播或条播的作物，如胡萝卜、白菜等播种后，幼苗可

图1-9　有孔地膜

自然地从切口长出，不会发生烤苗现象，但此种方式的增温、保墒效果差。另一种是经圆刀切割打孔。播种孔直径为3.5~4.5cm的，适宜点播；孔径为10~15cm的，专供移栽定植大苗。有孔地膜较普通地膜显著增强了土壤通气性，并能缓解土壤温度、水分变化，增加有益微生物数量，提高土壤酶活性，促进矿物质释放，从而进一步提高植株根、叶活力。但有孔地膜专用性强，多用于保护地蔬菜栽培。

3. 反光地膜

反光地膜是采用特殊的工艺将由玻璃微珠形成的反射层和PVC、PU等高分子材料相结合而形成的一种新颖的反光材料。实践表明，在保护地（大棚）蔬菜、果树、花卉，以及露天果园中使用银色或银灰色反光地膜，能起到补光增温作用，使作物增产、提高品质，达到增产增收的目的，是一项节能、增效的新技术。尤其在冬季低温寡照的温室内使用，补光增温效果更好；用于果园地面覆盖，可增加地面反射光，利于下部果实着色，增加糖分，并可防止落果。

4. 渗水地膜

渗水地膜也称微孔地膜，是在普通地膜上用激光打出微孔（孔径2~3mm，200~2 000孔/m²），可使雨水渗入膜下，有利于小雨量降水入渗；同时又能增加土壤的通透性，防止膜下土壤 CO_2 含量过高，有利于根际好气性有益微生物的活动和促进根系呼吸与活力，进而促进作物生长。与普通地膜相比，渗水地膜可以增加降水入渗量，有效解决膜中心区容易出现干旱的问题；能够显著改善土壤通气条件，使作物根

际 CO_2 和其他有害气体浓度降低 50%～75%，提高根系的活力和代谢强度；而且可使地上部叶绿素含量增加，显著延缓植株衰老进程；同时使土壤微生物数量增加，促进矿物质的释放，并降低土传病害的发生。渗水地膜还可缓温、调温、保水，促进作物成熟，改善作物品质。渗水地膜适于在我国北方干旱地区的多种作物上大面积推广应用。

四、可降解地膜

根据引起降解的客观条件和机理不同，可降解地膜一般可分为光降解地膜、生物降解地膜、光/生物降解地膜 3 种类型。

1. 光降解地膜

光降解地膜是指在自然光照条件下，能够发生有序老化降解的地膜材料。主要机理是在高分子聚合物中引入光增敏基团或加入光敏性物质，使其在吸入太阳紫外线后引起光化学反应而使高分子的分子链断裂变为低分子化合物，从而实现地膜的老化降解。光降解地膜按材料中降解聚合物分子设计的基本原理不同可分为合成型和添加型两种。

合成型光降解地膜材料是在烯烃聚合物主链上引入光增敏基团而赋予其降解性，通常采用光敏单体 CO 或烯酮类与烯烃类单体共聚，合成含羰基结构的光降解型聚乙烯，并通过调节羰基基团含量来控制光降解活性。目前，技术比较成熟且已工业化生产的有乙烯——氧化碳共聚物（ECO）、乙烯——乙烯基酮共聚物（Ecolyte）等。前者是 1941 年由德国

Bayer 公司发明，其后由美国 Dupont 公司完善技术，20 世纪 70 年代由 UCC 公司首先实现工业化生产。目前主要是美国 Dupont 公司生产，生产的产品名称为"ELVAX"。后者 Ecolyte 光敏剂由加拿大 ECO 塑料公司取得专利并实现工业化生产。美国 Ecolyte Atlantic 公司也生产此类光敏剂，用于光降解地膜的生产。合成型光降解地膜材料降解均匀彻底，但成本高，同时由于在制造过程中需要合成新型的中间体酮类单体，并与烯烃类单体进行共聚，技术难度较大。

添加型降解地膜材料的特点是将光敏剂添加到烯烃聚合物中，在紫外光作用下，光敏剂可离解成具有活性的自由基，进而引发聚合物分子链断裂使其降解。如美国 Ampact 公司生产的含过渡金属铁离子的光降解母料，以色列 Scott-Gilead 公司生产的具有稳定、增敏功能的 Ni、Fe 金属络合物产品。美国 Btolan 公司、Plastigone 公司等公司生产的可控光降解地膜，均是采用添加型技术。添加型光降解材料技术原理比较简单，但在实际使用中，如何选择具有高效光敏活性的添加剂来加工性能优良的降解地膜制品是技术关键。

2. 生物降解地膜

生物降解地膜是指在自然环境中通过微生物（细菌、真菌、放线菌等）的作用而降解的一类塑料薄膜。日本生物降解塑料研究技术委员会对其的定义为"在自然界中通过微生物的作用可以分解成不会对环境产生恶劣影响的低分子化合物的高分子及其混合物"。生物降解地膜降解的主要机理是，微生物首先通过生物物理作用使高分子材料发生机械性破坏，分裂成碎片，然后再通过生物化学作用，利用微生物中的酶将高分子聚合物分解成低分子量的分子碎片，然后这些低分子碎片再进一步被微生物分解、消化、吸收，最终形成水和二氧化碳。

生物降解地膜按照其降解特性可分为完全生物降解地膜和生物破坏性地膜（不完全生物降解地膜）。完全生物降解地膜是以具有易被微生物降解结构的高分子物质为材料，这些高分子物质包括天然的和合成的（人工化学合成或生物合成）。天然高分子降解材料通常以某些天然物质，如淀粉、纤维素、甲壳素等为主要原料并经改性制得。人工合成高分子物质目前主要代表性的工业化产品有聚乙内酯（PCL），聚琥珀酸丁二酯（PBS），聚乳酸（PLA）和聚羟基乙酸等。

生物破坏性地膜材料主要是将天然高分子原料与通用型合成树脂通过共混或共聚的方法制得。其中，主要高分子原料是淀粉及其淀粉衍生物（物理改性淀粉或化学改性淀粉）。20 世纪 70 年代英国科学家 Griffin 发明的第一个淀粉聚乙烯就属于此类产品，但其降解部分主要是淀粉，聚乙烯部分则无法降解。

3. 光/生物降解地膜

光/生物降解地膜（又称双降解地膜），是将微生物敏感物质（如淀粉）与合成树脂共混，同时向体系内引入光敏剂，并在诱导期过后，通过光敏剂的作用，将合成树脂降解为低分子化合物，加入的微生物敏感物质自然被微生物降解。同时，由于制品中聚集的微生物能够作用于生成的低分子化合物，使聚合物最终与土壤同化。

光/生物降解兼具光降解和生物降解的双重功能，是目前国内外研究的主要方向之一。它将光敏剂体系的光降解机理和生物降解机理结合起来，一方面可以提高降解速率，另一方面利用光敏体系可调的特性达到人为控制降解诱导期的目的。

五、多功能型地膜

世界各国在地膜覆盖技术的研究和应用过程中，为了满足多种需要，还研究开发出了一些多功能型地膜。如添加有机肥料型地膜，是地膜制造公司为了解决化肥污染问题，生产地膜时把粒状固体有机肥料混入到以木浆为主要原料的纸地膜中，制造有机肥料型地膜。这种地膜本身含有作物生长所需的成分，也可以被生物降解而对环境有利，又省去施肥过程，在很大程度上减轻了农民作业的负担。

日本的一些公司用浸入植物精油的方法制造出具有防虫、杀菌效果的多功能防虫型地膜。这些植物精油对人来说是芳香的味道，但对嗅觉灵敏的野狗、野猫、老鼠等害兽和害虫有驱避作用。日本研制的红外地膜，是在聚乙烯树脂中加入透红外线助剂，使薄膜能透过更多的红外线，增温效果可以提高 20% 左右。

六、农膜新产品

1. 高光能系列农膜

可将阳光中的部分紫外光和对植物光合作用无用的绿光转换成对植物光合作用有益的蓝紫光和红橙光，从而提高作物的光合效率，改善棚内生态环境，减少紫外线引起的伤害，达到优质高产的目的。

2. 稀土转光农膜

该农膜是在高压聚乙烯中加入稀土螯合物（转光添加剂）吹制而成。与普通农膜相比，该膜能将日光中的紫外线转换成红橙光，从而使温室或大棚内植物光合作用强度提高88%，寒冷季节的棚温提高1~5℃，地温提高1~3℃，作物成熟期提早7~15天，产量提高15%~35%。另外，该膜还具有在炎热季节降低棚温和地温、减轻植物病虫害、降低果实中的硝酸盐含量等功能。

3. 高效调光生态膜

该膜是在长寿无滴消雾膜的基础上添加高新材料制成。其突出优点如下：一是在低温季节能增加棚内温度防止作物冻伤，在高温季节可下调棚内温度防止作物烧伤；二是能够使棚内紫外线减少，抑制灰霉病、菌核病等病原菌的繁殖，提高作物抗病力，减少农药用量；三是能够增加蓝光或红光的照射，提高作物光能利用率，进而提高作物产量。该膜适用于多种蔬菜栽培，在水稻育秧上使用也有显著效果。

4. 多功能可降解液态膜

该地膜是用褐煤、风化煤或泥炭对造纸废液、海藻废液、酿酒废液或淀粉废液进行改性，使木质素、纤维素和多糖在交联剂的作用下形成高分子化合物，再与各种添加剂、硅肥、微量元素、农药和除草剂混合而成。该地膜的突出特点如下：一是以农作物秸秆为原料，既解决了秸秆焚烧污染环境的难题，又达到了资源综合利用的目的；二是具有双重功效，既有塑料地膜的吸热增温、保墒、保苗作用，还有较强的黏附能力，可将土粒联结成理想的团聚体，达到改良土壤之目的；三是该地膜可腐化分解为腐植酸，不仅不会对环境造成污染，反而增进了土壤肥力。

5. 改性农用塑料大棚膜

该膜将 5%~10% 的改性超微细煅烧高岭土填充于农用塑料大棚膜中，使农用塑料大棚膜在保持其良好的机械力学性能的同时，又可有效阻隔波长在 7~25μm 的红外光辐射，将棚膜的红外光阻隔率提高 1 倍以上，进而有效地提高了塑料大棚膜的保温性能，是目前极具发展前景的棚膜保温材料。

6. 新型环保液体农膜

该农膜以甲壳素为主要原料，兑水后直接喷施于土壤表面，其中的高分子物质与土壤颗粒结合后，可在土表及土表以下的土壤团粒表面固化成极薄的透气膜，对提高地温、减少土壤水分蒸发和养分流失，提高作物产量具有显著作用。该膜在田间可自行降解，不仅不会对土壤产生污染，反而可起到改良土壤的作用。另外，该产品还可用于叶面喷施、枝干涂抹，或作为农药、化肥的添加剂使用。

7. "玉米塑料"膜

"玉米塑料"膜是从玉米中提取"液态乳酸"，再转化为"聚乳酸"颗粒后加工制成。该材料为全降解生物环保材料，利用该材料制成的农用地膜，可有效解决传统的化学塑料农膜带来的白色污染问题，因而被视作继金属材料、无机材料、高分子材料之后的"第四类新材料"。

8. 纸地膜

纸地膜完全由植物纤维制成。其突出优点如下：一是使用后不需要回收，可与肥料一起翻埋入土；二是制造成本低廉，仅为塑料地膜造价的 1/3；三是保温性和透光性适当，即使是在盛夏高温季节，农作物也不会因为地表温度过高而灼伤幼苗，有利于提高幼苗的成活率；四是该膜既利于水分蒸发，又有吸水性，干湿调节作用明显，可有效抑制大棚中因过度潮湿而导致的菌核病和灰霉病等病害，因而在特殊环境中，更有应用价值。

第二节　农用地膜覆盖的作用

农业地膜覆盖技术的广泛使用提高了我国农作物的产量，极大地促进了我国农业生产的发展。目前，农用地膜在我国现代农业生产中起着举足轻重的作用。

一、提高光能利用率

提高光能利用率是地膜覆盖使农作物获得早熟高产的重要原因之一。由于地膜自身和地膜下附着的微细水珠对光的反射作用增加了散射光，地膜覆盖有效地改善了作物中下部叶片及株行间的光照条件，对于强化中下部叶片光合作用、延缓叶片衰老有一定作用。覆盖反光地膜还能有效地促进葡萄、番茄、桃、苹果果实着色，提高着色指数，改进品质。在日光温室的后墙上张挂反光幕（银色反光膜），能使温室中后部作物生长整齐一致，如番茄果实提早成熟，品质改进和产量提高。

二、调节土壤水、肥、气、热状态

白天太阳辐射透过地膜到达土壤使地表增温并向下传导。由于地膜阻隔减少地面热量向空气中辐射传导，也阻止水分蒸发的热损失，使热量向深层传导和聚集，促进地温升高。地膜提高地温的效果在不同地区存在一定差异，一般可达 $3 \sim 6 \, ^\circ\!C$，在中国北方使用地膜覆盖，早春可以增加地积温 $300 \, ^\circ\!C$ 左右，延长有效生育期，这是"三北地区"地膜覆盖获得早熟高产的重要原因之一。地膜覆盖改变了土壤水分自然分布与运动状态，形成了特殊的分布与运动规律。研究结果显示，地膜切断了土壤水分向空气蒸发的通道，抑制土壤水分的蒸发，把蒸发的水分阻隔于地膜下，具有明显的保水和提高水分利用率的作用，节水达 $30\% \sim 60\%$。地膜覆盖使地温高、土壤湿度适宜，因此土壤微生物活跃，能加速土壤有机质分解矿化和营养的释放速度，增加土壤肥力。另外，地膜覆盖能阻止养分的挥发或被雨水、灌水冲刷淋溶流失，有良好的保肥和提高肥效的效果并能全面均衡地调节土壤水、肥、气、热状态，保持其湿润、温暖、疏松、肥沃的生态环境，这是作物高产的重要保障。地膜覆盖还能减少人、畜进地踩踏和机械轮压，也减少降水、灌水的冲击，使土壤始终处于疏松、透气、肥沃状态，疏松度明显高于裸地，水稳性团粒明显增加，利于促发强大根系，为作物地上部分健康生长发育，获得早熟高产奠定基础。

三、有效抑制病虫草害

地膜覆盖改变了土壤及近地面的环境条件，使作物病虫害发生及消长规律也发生变化。研究结果显示，地膜覆盖阻止水分蒸发降低近地面湿度，可使番茄、甜椒病毒病发病率减少2%~18%，病情指数降低1.7%~20%；露地及设施栽培的番茄晚疫病、叶霉病发病率下降20%~30%，黄瓜霜霉病下降10%~15%，茄子绵疫病发病率降低20%~30%。地膜覆盖甜菜能有效地防治象甲，保苗率由41.5%提高到97.6%；地膜覆盖可使烟草生育期提前，避开大田蚜虫发生的高峰期，且使烟草的病毒病发生率由30%~40%降低至5%。地膜覆盖能减轻或抑制某些病虫害的发生和蔓延，但由于地膜覆盖改变了生态环境，病虫害亦有提前发生的可能。

高质量的地膜覆盖，地膜周边及定植孔全部封严，地膜上无破洞形成相对密闭状态，地膜下温度可达 50~60℃，使初生的幼龄杂草受热灼闷而死或生长被抑制。研究结果显示，覆盖黑色地膜、除草地膜，灭草效果达 100%；绿色地膜、银黑双面地膜、反光地膜等有色地膜也都有明显除草和抑制杂草生长的效果。

四、扩大农作物种植区域

农用地膜的使用扩大了农作物种植区域，这是其对农业的一个重大影响。与常规种植技术相比，地膜覆盖技术不仅可以使一些农作物稳产早熟，还可使部分喜温作物的栽培极限范围北移 2~5 个纬度，即向北推进 500 多千米或使海拔向上提升 500~1 000m。因此，可以增加一些农产品，尤其是蔬菜的产出和供应时间。在农用地膜大规模应用以前，中国的蔬菜生产基本上是露地栽培，对气候条件的依赖性极强，导致蔬菜生产具有非常强的地域性和季节性，大部分蔬菜生产主要集中在南方地区。由于气候的原因，北方地区蔬菜的生产主要集中在春夏秋季，冬季的蔬菜品种较少。由于农用地膜的应用，各地根据自身的气候条件和蔬菜生产特点，形成了各具特色的以农用地膜为覆盖材料的温室，开展周年的蔬菜生产，尤其是在北方或高海拔地区，农民应用地膜覆盖进行露地蔬菜的生产，大大提前了或延长了蔬菜的上市时间，保证了市场供应（图1-10）。

大量试验研究与推广应用结果表明，在黄淮海平原、黄土高原、长江流域及以南地区，地膜覆盖可使一些蔬菜上市期提早 5~15 天，增产 20%~50%，西（甜）瓜早熟 7~15 天，增产 30%~100%；在东北、西北低温寒冷地区，主要蔬菜和西（甜）瓜采收提早 7~20 天，增产 20%~80%，个别作物产量甚至可以提高一倍以上。地膜覆盖全面优化和提升了烟草的栽培环境条件，使烟草栽培适作区的临界纬度大幅北移，如通过该技术使东北等热量不足地区实现了烟草种植。在西南地区，烟草种植的海拔也得到大幅升高，如云贵川高原区由于春迟秋早、积温不足、无霜期短等在一定程度上限制了烟草的种植，通过地膜覆盖技术的应用，实现烟草种植的优质高产高效。

图 1-10　地膜覆盖景观

五、提高作物产量

农用地膜的应用极大改善了生产条件，尤其是在增温保墒方面效果显著。已有研究结果显示，地膜覆盖是旱作、积温不足地区增加玉米产量和高效利用降水资源的一项有效措施。如在山西寿阳，地膜覆盖玉米产量较常规种植的产量高30%~60%，水分利用效率提高30%~70%。研究结果还显示地膜覆盖在有效抑制土壤水分地表蒸发的同时，明显增加了玉米产量（表1-2）。在谷子上的试验结果同样如此，通过谷子地膜覆盖栽培技术与谷豆条带种植技术的集成应用，可在产量相近情况下，显著增加农民的收益。

表1-2 地膜覆盖对玉米产量和水分利用效率的影响

品种	处理	产量 (kg/hm^2)	耗水量 （mm）	水分利用效率 [kg/(hm^2 · mm)]
91×131	地膜覆盖	10 959.27	475.88	23.03
	对照	7 071.79	503.84	14.04
中单583	地膜覆盖	9 592.38	425.94	22.52
	对照	7 003.56	470.15	14.90

在蔬菜生产上，地膜覆盖不仅使蔬菜早熟增产效果显著，还可以明显改善产品品质，缩短淡季、延长供应期，有效改善提升城市蔬菜瓜果供应水平。

地膜覆盖作物增产增收效果显著，增产一般在30%左右，如地膜覆盖玉米增产2 250kg/hm^2，地膜覆盖水稻增产1 500kg/hm^2，地膜覆盖小麦增产1 275kg/hm^2，地膜覆盖薯类增产1 500kg/hm^2，水稻塑盘育秧抛秧增产375kg/hm^2，地膜覆盖大豆增产600~750kg/hm^2，地膜覆盖花生增产保持在750kg/hm^2 以上。

六、地膜覆盖的其他作用

地膜覆盖能减少暴雨造成的土壤向作物植株的飞溅，使果菜、叶菜及草莓果实等不与土壤、灌水、肥料接触，这不仅能减少作物病害的发生，也能防止污染，提高农产品卫生安全水平。地膜覆盖有提高地温、保水保肥、疏松土壤、增强光照、抑盐保苗等多项功能；能促进种子萌发，加快生育进程；能有效地促进根系生长形成强大的吸收根群，促进地上部生长。

第三节 我国农用地膜的发展与应用

一、我国农用地膜的发展

在 20 世纪 70 年代，农用地膜引入我国，随后其市场发展异常迅猛，但生产地膜的原料资源又非常匮乏。为了平衡市场不断增长的需求与地膜原料短缺的矛盾，地膜的厚度一直在减少，地膜的国家标准也从 0.014mm 降到了 0.008mm。在 20 世纪 80 年代，一度出现厚度仅为 0.003mm 的地膜产品。2018 年正式实施的新地膜标准规定，地膜厚度不得小于 0.010mm，偏差不得高出 0.003mm，低出 0.002mm。

将地膜介绍到中国的日本专家呼吁不要把"白色革命"变成"白色污染"，要警惕塑料破坏环境。但是中国地膜的发展还是异常迅猛，从 20 世纪 80 年代初到 90 年代初，用量已经从 60 多万吨发展到 80 多万吨，品种主要是透明地膜，有极少部分的渗水地膜和药物除草地膜。在 2000 年以后市场上又陆续出现了黑色地膜及黑白相间地膜、有色地膜，以及现在正在兴起的多层共挤功能性地膜。

1. 透明地膜的发展

透明地膜在 20 世纪八九十年代普遍应用，其透光率和热辐射透过率达 90% 以上，增温、保温、保墒功能显著，但是其缺点也非常明显。在北方由于地膜内外温差较大，膜内容易形成雾滴，会影响透光；在南方地温过高，作物容易被烧根，而且膜下杂草无法控制，杂草和作物争抢养分一直是比较令人头疼的问题。因此，在透明地膜的应用年代，除草地膜已经开始研发，当时主要是在透明薄膜上喷洒除草剂来达到除草效果。覆盖地膜是防止药物挥发，既可有效控制杂草生长，又可增温保墒，促进蔬菜生长。但是，要根据蔬菜种类选用适当的除草剂，千万不可盲目使用除草剂，以避免造成产品污染和经济损失。

2. 黑色及黑白相间地膜的发展

在 20 世纪 90 年代以前，企业生产的全部都是透明地膜，在 2000 年以后开始出现黑色地膜。黑色地膜具有阻挡光传输、防止发芽的杂草生长（物理方法除草）、夏季降低土壤温度、保墒等功能，缺点是在北方春季增温缓慢，故多用于温暖地区种植。在 2010 年以后，黑色地膜进入了高速发展阶段，根据各个地膜生产企业统计，每年的黑色地膜的生产量占地膜总量的 40%~60%，也就是黑色地膜抢占了透明地膜约 50%的市场。

　　由于黑色地膜在北方地区增温效果较差，就有了黑白相间地膜应用的需求，透明区是为了透光、增温，黑色区是为了除草，黑白相间地膜达到一半增温、一半除草的功效。最早使用的黑白相间地膜在应用一个多月后，容易在黑白相接处裂开，现在通过对模具的改进和升级，这个问题基本得到了解决。但是由于黑色部分加入了炭黑母料，其流动性增加，冷却性能下降，黑色部分会变薄，卷曲后的积累误差比较大，这个问题至今还没有好的解决方案。另外，黑白相间地膜的透明部分还是要长草，使其应用数量受到限制。

　　随着黑色地膜应用数量的迅速扩大，又带来了很多问题，如黑度不够，控制不住发芽的杂草生长，经常会出现破洞现象和地膜的提前老化等。透明地膜在阳光暴晒下膜温会升到 55℃左右，而黑色地膜在阳光暴晒下膜温会升到 70℃左右，因此，黑色地膜的耐温性能就显得非常重要，特别是在南方地区。如在福建、广东、海南、广西、云南、四川等地的高温下，黑色地膜使用效率下降，降低地温效果不佳，除草不利，破洞现象经常发生。

　　为了解决上述问题，人们开发了银/黑双层双色地膜，在高温地区逐步淘汰单层黑色地膜。双色地膜由于厚度的原因不易破洞。银/黑地膜的银色面能反射大量的光，降低土壤温度；使更多的光照植物底部，利于果实着色；银色面的高反射银，可以驱避蚜虫，抑制蚜虫的滋生繁殖。银/黑地膜的黑色面能防除发芽杂草，除草效率大于黑地膜，适用于高温高湿地区。

银/黑双色地膜在棚内使用时，底部反射温度偏高，有卷叶烧秧现象，在此种情况下建议使用白/黑双色地膜。白/黑双色地膜具有防止发芽杂草生长、降低低温和漫反射的作用，在夏季棚内使用，特别对茄果类蔬菜栽培效果理想。使用白/黑双色地膜时，漫反射光投给植株的底部，使作物受光照更加均匀，光合作用更加充分，果蔬颜色更加鲜艳，果蔬作物均能提前收获并增产，所以说白/黑双色地膜特别适用于果菜类设施栽培应用。

3. 有色地膜的发展

随着地膜的不断发展和应用的更多需求，又兴起了有色地膜。绿色地膜在生姜种植上应用效果显著。生姜在4月定植，透明地膜覆盖下，苗期温度偏高，叶边灼烧和挽辫子现象普遍。农民多用喷洒墨汁或涂抹石灰涂料来降温，不但劳动成本高，而且大雨会冲洗掉涂料。用遮阳网又会大幅增加使用成本，还增加管理难度和农民的负担。绿色地膜属于半透光地膜，有增温效果并保持土壤湿度。绿颜色的光传输选择性，可防止发芽杂草生长，适当降低光照强度，避免膜下作物灼伤，促进作物光合作用。绿色地膜的应用提高生姜产量30%，投资少而经济效益明显。

黄/黑地膜的应用主要能减少农药使用。它除能保持土壤湿度、保护暖土基层使土壤温度不流失、防止发芽杂草生长外，还采用黄颜色吸引粉虱，有效减少损害农作物的粉虱病毒为害和虫口密度，不造成农药残留和害虫抗药性。黄/

黑地膜还可兼治多种虫害，防治潜蝇成虫、粉虱、蚜虫、叶蝉、蓟马等小型昆虫，配以性诱剂可扑杀多种害虫的成虫。

蓝色地膜适用于育秧、育苗，不但使成秧成苗率高，而且使苗秧粗壮。蓝色地膜能抑制十字花科蔬菜的黑斑病菌生长，有明显的增产保质作用。蓝色地膜在弱光照条件下透光率高于普通农膜，而在强光照条件下透光率又低于普通农膜，增温性能和保温性能良好。非常适用于水稻育种，还可用于蔬菜、棉花、花生、草莓、马铃薯等作物覆盖栽培。

红色地膜可过滤光线，投射红光，阻挡其他不利于作物生长的光线。红色地膜比黑色地膜反射的光波更能刺激植物生长。每种植物对光的需求都是不同的，覆盖红色地膜，可促进番茄、甜菜、胡萝卜、水稻、甜瓜等早熟、产量提高。已有许多番茄、甜瓜种植户尝试使用红色地膜覆盖种植，目前应用红色地膜的种植户还非常有限，还需要大量的应用试验。

4. 特种地膜的发展

药物除草地膜是一种新兴的功能性农用薄膜，是在普通地膜生产过程中加入化学除草剂制成的。这种地膜是把除草剂、助剂和树脂预混后，做成母粒，再在普通地膜挤出机上吹塑成膜。这种地膜生产工艺简单，设备投资少，生产普通地膜的设备均可生产。单面含药的双层除草地膜，是含有除草剂的 A 树脂层和防止除草剂扩散的 B 树脂保护层的双层复合除草地膜。这种除草地膜单面有药，应用时药面贴地。该地膜每层厚为 0.1mm，双层总厚为 0.2mm，膜厚便于回收，药效能充分发挥。该地膜成本偏高，国内还未推广，国外应用较多。

有滴地膜和无滴地膜是功能截然相反的两种地膜。有滴地膜可以降低地温，适用于夏季或温暖地区种植；而无滴地膜可以使地表温度增高，具有增温保温性能，适用于北方的春季或偏冷地区种植。地膜的选择应该根据种植环境和条件，要符合种植的基本要求，否则就是使用不当，需要调整，促进地膜的不断发展。

渗水地膜是又一科技新产品，主要用来解决干旱缺水地区的雨水再利用问题，铺设地膜后既可使雨水下渗又能防止雨水蒸发。山西省北部高寒、干旱地区在5mm无效降水过程中，使降水利用达到最大化，是旱地变"水地"的现代农业种植新模式。渗水地膜适用于山西、陕西、内蒙古等地的谷物和杂粮穴播种植，增产效果显著。山西中部的东西两山和北部地区，常年降水量少，旱地面积大，粮食产量普遍偏低，农民增收缓慢。渗水地膜谷子穴播技术的示范推广为山区、半坡区农民，特别是为贫困山区农民开辟了一条特色农业产业扶贫的新途径。

印刷地膜与打孔地膜也在慢慢兴起。地膜的印刷标识作为种植和机铺参照物是未来发展方向，也是企业宣传和信息反馈重要环节。但地膜印刷难度较大，多组印刷同时并存，由于地膜太薄，带动印刷装置难度大，地膜易变形，而且地膜行走速度快，印刷速度和地膜速度同步一直是个难题，印刷油墨的干燥也是要重视的问题。打孔地膜是早期从日本传入我国的，日本普拉克赠送给我们的在线打孔地膜机组，曾在大连、北京和济南的农膜厂使用，生产的产品主要出口到日本。由于当时我国地膜市场对打孔地膜不敏感，所以这些设备最终被淘汰出局。

如今国内打孔地膜都是线下打孔，生产效率低下。打孔方式不合理造成维护难度大，而且大多数企业对于孔径、孔距、孔排距以及对应的种植作物还不明确，对应用地区种植要求和环境也不清楚，对打孔地膜如何控制水分、控制地温也所知甚少，所以中国打孔地膜还有很长的路要走。打孔地膜的应用前景非常光明，主要应用在白萝卜、生菜、花生、人参、马铃薯、牛蒡、生姜、甘薯、玉米等作物种植上。但打孔地膜市场还需要逐步规范和逐渐标准化，地膜制作技术和地膜应用技术及作物种植技术相结合才是地膜发展之路。

5. 可降解地膜的发展

20世纪70年代，欧美和日本等发达国家科学家提出可降解塑料的概念，并对以光降解和生物降解为代表的降解材料进行研究。据了解，欧洲可环境降解塑料的需求量以每年59%的速度递增；在日本，可降解塑料已占全部消耗量的10%。据预测，绿色环保型产品将是未来市场的主导产品，可降解塑料有着广阔的国内外市场。中国对可降解塑料研究尚处于试验和探索阶段。由于可降解地膜降解和应用的复杂性，同一配方的降解地膜在不同地方、不同作物有不同的降解表现，必须通过大量的应用研究才能推广使用。另外，与普通聚乙烯地膜相比，可降解地膜存在着生产成本高、地表覆盖部分与埋土部分降解诱导期不同步，产品降解不完全或力学性能和耐水性较差等问题。但随着人类对环境保护越来越重视，以及材料科学和工艺水平的发展，开展绿色环保型地膜产品的研制与开发，以生物物质为主要原料的生物降解地膜替代传统的聚乙烯地膜，消除由废弃地膜造成的白色污染，必将是地膜发展趋势。

与传统的聚乙烯地膜相比，可降解地膜的主要优点是在地膜失去增温保墒等功能后，在各种因素作用下经过一定的时间可自动降解为对环境无污染的小分子物质，防止残膜对农田污染。

二、我国农用地膜的应用现状

1. 地膜用量和覆盖面积持续增加

农膜在农业生产中使用广泛，其中农用地面覆盖薄膜，也就是我们俗称的"地膜"，使用量最大、使用面最广，在促进农业增产、农民增收方面发挥了重要作用。2017 年我国地膜使用量为 143.7 万吨，覆盖面积达到 2.8 亿亩（1 亩 ≈ 667m²，全书同），均为世界第一。地膜覆盖技术能有效提高农作物产量，特别是在干旱少雨的西北地区，可使粮食、棉花等作物增产 20%～30%，同时通过地膜覆盖技术提供反季节、超时令蔬菜，丰富了市场供应。

2. 地膜应用区域分布广泛

据统计，地膜的应用区域在全国分布已经非常广泛，从北方的干旱、半干旱区域到南方的高山、冷凉地区均有一定面积的应用。东北地区的黑龙江、吉林、辽宁以及内蒙古部分地区，华北地区的山东、河南、河北3省，西北地区的新疆、甘肃以及西南地区的四川、云南冷凉山区是主要的应用区域。从地膜覆盖面积来看，2017年我国农用地膜覆盖面积为18 657 169hm²，主要分布在中国粮食主产区和农业大省。其中农用地膜覆盖面积排名前三的地区依次是新疆、山东、甘肃，分别为3 795 886 hm²、1 989 055 hm²、1 388 762hm²。

3. 地膜使用强度不断增加

用地膜使用量（kg）除以耕地面积（hm²）的商值来反映各地区地膜使用强度，即单位耕地面积的地膜使用量（kg/hm²）。结果表明各地地膜使用强度与使用量总体变化趋势相似，都呈现逐渐增加的趋势。但不同的地区，地膜使用强度的变化趋势和特点各异。2015年的数据显示新疆的地膜使用强度最大，近30kg/hm²，这主要由新疆特殊的气候类型所决定的。新疆属于绿洲农业，主要以灌溉为主，地膜使用非常普及，特别是膜下滴灌技术、超宽膜技术、膜上膜覆盖技术的应用，带动了地膜使用量的快速增加。上海和北京的地膜使用强度仅次于新疆，主要是由于这些地区以都市农业为主，覆膜蔬菜、果树分布非常集中。山东、河北、河南、四川、甘肃等农业大省地膜使用强度也很高，均在10kg/hm²以上。而北方地区的吉林、黑龙江、西藏、青海及东南沿海地区的广东、福建的地膜使用强度相对较低，这主要是与这些省区农业生产较为粗放、投入水平低有关系。

4. 地膜覆盖作物种类不断增加

中国自从日本引进地膜栽培技术，最初主要用于经济价值比较高的蔬菜、花卉种植，经过几十年的理论研究与生产实践，地膜栽培技术取得了飞速的发展，目前，已扩大到花生、西瓜、甘蔗、烟草、棉花等多种经济作物以及玉米、小麦，水稻等大宗粮食作物的栽培种植。以粮、棉、油、糖、菜、瓜、果、烟为重点应用的地膜覆盖栽培面积逐年递增。近些年来，在新疆、山东、山西、内蒙古、陕西、甘肃等高寒冷凉、干旱及半干旱地区，地膜覆盖技术已逐渐推广应用到多种农作物的种植，尤其是在蔬菜、玉米和棉花种植方面应用广泛，并呈现持续增长的趋势。地膜覆膜栽培已成为促进农业增产的一项重要的技术措施。统计表明，中国覆膜面积最大的农作物依次为棉花、玉米和蔬菜，其次为花生、瓜类以及南方水稻育秧。

三、我国农用地膜应用存在的问题

近年来，农用地膜的应用发展很快，应用区域和范围越来越大，特别是随着农用地膜在大田作物上的应用，农用地膜使用后存在的问题也日益凸显出来，主要表现在以下几个方面。

第一，农用地膜残留污染问题已经成为一个社会公害。农用地膜一般都降解性极差，如目前普通农用地膜一般由不易降解的聚（氯）乙烯类物质合成，这些高分子聚合材料在自然条件下极难在短时间内完全降解，高密度聚乙烯

（HOPE）地膜在 20℃时的使用寿命约为 300 年。

第二，农用地膜残留回收极为困难，再利用效益差。由于农用地膜应用的普遍性，农用地膜残留分布的广泛性，这给农用地膜残留回收带来极大的困难，不仅回收劳动强度大，而且回收率难以保证。在新疆、甘肃等地由于大量农用地膜残留存在，已经影响到农作物种植和生长，农民不得不进行手工清理（图 1-11）和机械清理。此外，国内地膜产品多为厚度 0.008mm 以下的脱标产品，而且用后破碎的农用地膜残留上会黏附大量的泥土以及作物腐烂的根茎叶片，因此，收集和清洗都非常困难，回收再利用的效益很低。

图 1-11　人工清理地膜

第三，人们对农用地膜残留污染问题缺乏必要的重视，只追求经济利益，忽视了生态效益和社会效益，从而加剧了农用地膜残留污染。同时，农用地膜残留污染控制相关政策法规不完善，也导致了农用地膜残留污染治理工作没有法律依据，治理工作开展缓慢。许多不利因素共同导致了中国部分地区严重的农用地膜残留污染，"白色革命"变为"白色污染"。

第四，对农用地膜残留危害缺乏深入系统的研究。到目前为止，虽然国内有些科学家在农用地膜残留污染方面开展了一些工作，但主要集中在对局部地区农用地膜残留数量、分布及对土壤、农作物生长危害等方面，缺乏长期、系统和覆盖较大范围的跟踪研究和观察数据，对农用地膜残留的危害认识还存在不少盲区，这对于农用地膜残留污染防治是十分不利的。

第五，农用地膜残留污染防治技术的研究亟待加强。目前，在中国实际应用的农用地膜残留回收技术极其简单，技术含量很低，除极个别省市应用了农用地膜回收机械外，基本上没有采用任何措施和应用技术，主要依靠人工和简单机械进行回收，作业效率和回收率都存在很大问题，回收技术和机具严重滞后无法满足农业生产的实际需要，尤其如何从根本上解决这个问题已经是一个迫在眉睫的大问题。

第二章　农用地膜应用技术

第一节　东北地膜覆盖主要技术模式

东北地区包括辽宁、吉林、黑龙江三省及内蒙古东四盟（市）。在该区域年降水量400mm以上的旱作农业区，主要使用半膜覆盖技术，在年降水量400mm以下的地区主要使用全膜覆盖技术，地膜的主要作用在于早春增温防旱。由于积温不高，除南部地区外，东北地区绝大部分地区只能一年一熟，缺乏复种条件。特别在北部地区，农作物生育期在105天以下，生育期积温为1 900~2 100℃，只能种植耐寒作物的早熟品种，如玉米、花生。

一、玉米大垄双行地膜覆盖栽培技术

（一）技术模式及要点

玉米大垄双行覆膜栽培技术（简称玉米大双覆）是将传统的小垄单行种植改为大垄双行种植，并在垄上进行地膜覆盖。该项技术是针对北方寒地气温低、气候干旱、无霜期短等特点，在总结国内玉米耕作栽培方法的基础上探索出的栽

培技术。该技术是一种以节水保墒、增光增温为特点的具有多功能、多效应、集成度较高的栽培模式（图2-1）。主要技术要点包括以下几个方面。

图 2-1　东北玉米大垄双行地膜覆盖栽培模式（黑龙江双城）

第一，地块选择和整地。一般选择地势平坦，土壤耕层深厚，保水、保肥性能好，土壤肥力较高的黑土、黑钙土地块，最好具有井灌条件。尽量不采用连作3年以上的玉米地块，否则病虫害加重，空秆率上升。在前茬作物收获后，及时进行深松灭茬或深松旋耕起垄复式作业，铧式犁翻地后要及时进行耙耢，平整土地，并结合秋翻地深施底肥。耕翻深度要达到25cm以上，深松深度不小于35cm。耕整地结束后，及时采用改制后的中耕起垄犁打大垄，打垄后及时采用镇压器镇压保墒。

第二，选用良种。一般选用株型紧凑、根系发达、抗逆性强、适于密植的耐密型和半耐密型的高产优质玉米品种。

第三，抓好播种质量关。要实现一次播种保全苗，做到苗全、苗齐、苗壮。主要措施是早整地、整好地、保墒情。种子要精选，播前3~5天，选择晴朗微风的好天气，将种子摊开在阳光下翻晒2~3天，提高发芽势和发芽率，并选用适宜的多功能种子包衣剂进行包衣，预防玉米系统性侵染病害、地下害虫及鼠害。种子包衣一般按照1：50的药种比湿拌均匀，摊开阴干后即可播种。适时播种，实行机播种，做到播种深浅一致，覆土厚度一致，等距不丢穴，肥料施用均匀。

第四，加大肥料投入量，实行配方施肥。一般按照每公顷10~13t的产量指标，在测土施肥的基础上确定具体肥料施用量。一般每公顷施优质有机肥40t，施用尿素500~600kg、磷酸二铵100~150kg、硫酸钾50~100kg、硫酸锌10~15kg，也可以全部选用多元素复合肥。施肥方法是用氮肥总量的1/3及全部磷肥、钾肥、锌肥作底肥，2/3的氮肥作追肥，在玉米大喇叭口期追肥为宜。若使用具有氮素缓释剂的一次性玉米专用肥，则全部用作底肥。

第五，适时灌水，加强田间管理。春旱严重时可采用坐水播种或播前灌底墒水。如果在抽雄授粉、灌浆乳熟期发生干旱要及时补水。播种后要进行药剂灭草，每公顷用50%莠去津可湿性粉剂3kg、72%异丙甲草胺乳油或乙草胺3kg兑水750L实行机械喷洒，进行土壤表层封闭。6月末至7月初要用杀螟灵1号颗粒剂进行一次玉米螟防治以减轻其为害。

第六，适当晚收。为使玉米充分成熟，降低水分，提高品质，在收获时可根据具体情况适当晚收。

（二）主要技术经济指标

玉米大垄双行覆膜配套栽培技术是一种实现高产高效栽培的模式，只要配套措施合适，每公顷会比常规栽培多产出5t玉米籽粒，多收入5 000元以上，扣除多投入的1 000元费用（地膜、化学除草剂费用，加上多投入的30%~40%种子、10%化肥费用），每公顷可净增收4 000元。

（三）适用范围

该项技术适用于东北地势比较平坦、土壤有机质含量比较高、中等以上肥力、保水保肥、适合机械化作业，并且大面积连片的地块。

二、玉米膜下滴灌栽培技术

（一）技术模式及要点

膜下滴灌是覆膜种植与滴灌相结合的一种灌水技术，也是地膜栽培抗旱技术的延伸与深化。它根据作物生长发育的需要，将水通过滴灌系统一滴一滴地向有限的土壤空间供给，不仅可在作物根系范围内进行局部灌溉，同时也可根据需要将化肥和农药等随水滴入作物根系。主要技术要点包括以下几个方面。

第一，选地与整地、施肥。正确调茬选地，选择耕层深厚、肥力较高、保水、保肥及排水良好的地块，前茬未使用长残留农药的大豆、小麦、甘薯或玉米等茬口地。根据土壤墒情，提早整地、抢夺地墒，实施松、翻、耙结合，翻深

20~23cm，做到无漏耕、无立垡、无坷垃，做到细、平、疏松，以利于膜下严密，提高保温效果。翻后耙耱，及时起垄夹肥镇压，严防跑墒。基肥施优质农家肥配合磷酸二铵和玉米专用肥。坚持施足底肥、重施拔节肥、猛施穗肥的"一底两追"施肥原则，其中底肥、拔节肥、穗肥分别占总施肥量的40%、15%和45%。

第二，播种。当地表下5cm温度回升到8~9℃或日均气温达10~12℃以上时即可开始抢墒播种。播深适中，不漏压，不拖堆。播前进行选种和催芽工作，如果土壤墒情差，可以采取干播湿出，在播种后滴水出苗。膜下滴灌主要有4种较为成熟的栽培模式，分别是并垄宽窄行的播法、两垄一平台的播法、两垄空一垄的播法和大垄双行播法。

第三，铺设滴灌带。播种后，应用除草剂对土壤处理，防除一年生禾本科杂草，然后铺设滴灌带。迷宫式滴灌带铺设时迷宫流道凸起面应向上，滴灌带不得扭曲或翻转，然后用覆膜机械覆膜。铺设毛管的机械应安装正确，导向轮转动灵活。导向环应光滑，最好用薄膜缠住，使毛管在铺设中不被刮伤或磨损，毛管连接应紧固、密封。地膜封闭严密，开沟器开沟深度应一致。需覆土量大时，应增加开沟深度。尤其是在大风天气防风揭膜效果更好。

第四，田间管理。出苗前及时检查发芽情况，要准备好预备苗。如发现粉种、烂芽，对缺苗要及时补栽，若发现出苗不全的地块应及时催芽补种或带土移栽，确保全苗。地表下5cm地温10℃可滴出苗水，滴水量为225~300m³/hm²；

苗期和拔节期共滴水 5 次，用水量为 $300 \sim 450 m^3/hm^2$，并随着其生长而逐渐增多；大喇叭口期和授粉前是玉米关键需水期，滴水量为 $450 \sim 525 m^3/hm^2$，灌溉周期为 $7 \sim 10$ 天，共滴水 3 次；在授粉完毕后，再适当滴 2 次水，滴水量为 $450 m^3/hm^2$。具体滴水量还应视土壤、天气变化和玉米生长状况适当调整。

在玉米出苗后要进行深松或铲前趟一犁。头遍铲趟后，每隔 $10 \sim 12$ 天铲趟一次，做到三铲三趟。长到 $3 \sim 4$ 片叶时，可中耕一次，提高地温，改善土壤的通透性。具体根据各生育期特点灵活施用。在玉米开始抽雄时，隔行或隔株去掉 1 行或 1 株雄穗，全田去雄 1/2，有利于田间通风透光、节省养分、减少虫害。

（二）主要技术经济指标

玉米膜下滴灌是一项集玉米抗旱、促根、高产为一体的综合配套技术。一般年景下每公顷可增产 $6\,000 \sim 7\,500 kg$，每公顷可新增产值近 $7\,500$ 元，扣除增加投入的 $2\,100$ 元，比玉米常规栽培每公顷纯增加收入 $5\,400$ 元。如遇干旱或特大干旱年份增产效果更为显著。膜下滴灌与大水漫灌相比，单位面积增产 30% 以上，同时节水 $40\% \sim 50\%$，化肥、农药利用率提高 20%，节约生产成本 $1\,200$ 元/hm^2，土地利用率提高 $8\% \sim 10\%$。膜下滴灌能够适应复杂的地形，干管和支管都埋于地下，节省了沟渠、田畦、地埂所占用的耕地面积，能够充分利用土地。膜下滴灌也不需要平整土地，大大减少了田间平整土地和灌水的劳动强度。此外，膜下滴灌可以开发利用盐碱地和防治次生盐碱地，具有良好的生态效益。

（三）适用范围

在水资源短缺，盐渍土面积大、范围广，气候炎热、干燥、蒸发量大，地多人少的地区都可采纳膜下滴灌节水技术。

三、大豆行间地膜覆盖栽培技术

（一）技术模式及要点

大豆行间覆膜栽培技术是以地膜覆盖、土壤深松、侧深施肥和精量播种4项技术为核心，利用农用地膜在大豆苗带间进行覆盖地面，起到保墒抗旱、促进种子提早萌发、出苗整齐，实现高产、优质、高效的大豆综合高产新技术。该项技术的核心是在吸收、消化垄上苗带覆膜、平作和垄作关键技术的基础上，利用秆强抗倒品种，发挥覆膜保墒作用而逐步形成的大豆抗旱综合配套高产技术。该项技术可分为平播行间覆膜与大垄行间覆膜两种模式（图2-2）。主要技术要点如下所述。

第一，机械选择。平作覆膜可选用2BM-4大豆平播覆膜播种机，该播种机为4膜8行，苗带间距为80cm—45cm—80cm；2MBJ-8播种机，4膜8行，2MBJ-10播种机5膜10行，苗带行间距为65cm—50cm—65cm，一次完成施肥、覆膜、播种、镇压、膜上覆土等多项作业。垄上行间覆膜可采用2BM 3覆膜通用耕播机，苗带60cm，一次完成施

图 2-2　东北大豆行间覆膜栽培模式（黑龙江甘南）

肥、覆膜、播种、镇压等多项作业，一次可播 3 垄 6 行。

第二，品种选择。选择能在当地正常成熟的中熟抗倒伏品种，不能选择晚熟品种，更不能越区种植。

第三，施肥。在种子一侧膜下分层深施肥，1/3 种肥施于种侧膜下 5~7cm 处，2/3 施于种侧膜下 7~12cm 处。按每公顷施氮、磷、钾纯量总计为 120~150kg，黑土地适宜氮：磷：钾比例为 1：1.5：0.6，白浆土地为 1：1.2：0.6。在开花至鼓粒期喷施叶面肥 2~3 遍，防止后期脱肥。

第四，地膜的选择。平作可选用厚度为 0.009~0.01mm 的地膜，幅宽为 75~80cm。垄作可选用厚度为 0.01mm 的地膜，幅宽为 60cm。

第五，播种方法。选用覆膜机膜外平播，种子距膜 2~3cm。覆膜百米偏差小于 5cm，膜要拉紧，两边压土各 10cm 宽，风大地区每隔 1.3~1.4m 在膜上压土，风小地区每隔

10m 膜上压土，防止大风掀膜。

第六，化学调控。为防止大豆徒长造成后期倒伏，应采用化学调控剂进行处理，可在初花期选用多效唑或三碘苯甲酸进行化学调控。

第七，残膜回收。在大豆封垄前将膜全部起净，起膜后膜间中耕，防止后期杂草生长并利于接纳雨水。

（二）主要技术经济指标

在干旱地区与干旱年份采用大豆行间覆膜技术比普通栽培技术增产 20% 以上，单产稳定在 3 000kg 以上。大豆行间覆膜技术还实现了大豆生产的"三增"目标，即产量增加 20%、含油率提高 10%、经济效益提高 20% 以上。

（三）适用范围

大豆行间覆膜栽培技术的适用范围是大豆生产经常受春旱影响，且土壤肥力在中等以上的平川地、岗地。采用该技术最好选在年降水量为 400mm 左右的地区。采用该技术的地块是经常受干旱影响的地块，如地势平坦、耕性良好、有一定量的底墒、排水良好的平岗地，特别适合在黑龙江西部岗坡、半干旱黑土地区应用。

四、玉米地膜垄覆沟播栽培技术

（一）技术模式及要点

地膜垄覆沟播栽培技术，又称农田微集水栽培技术，是一种田间集水农业技术，它适用于缺乏径流源或远离产流区的旱平地或缓坡旱地。基本原理是通过在田间修筑沟垄，沟垄相间排列，垄面覆膜，实现降水由垄面（集水区）向沟内（种植区）的汇集，以改善作物的水分状况（图2-3）。主要技术要点包括以下几个方面。

图2-3　东北玉米地膜垄覆沟播栽培模式

第一，垄床的修筑。该模式用铧式犁起垄，人工修筑沟垄，使垄面呈圆弧形，沟内平坦，用于播种，用白色或黑色农用薄膜贴紧垄面并延伸到种植沟两侧10~13cm，玉米种植在膜侧。每100cm为一个单元，其中沟宽65cm，垄宽35cm，垄高20~25cm，垄上覆膜，沟内种植两行玉米，行距40cm。垄膜及沟膜采用幅宽为60cm的地膜。膜垄起垄之后，用锹拍实并修理成永久埂，使之能够一次起垄多年不变。玉米垄膜沟种微集水高产种植模式在平地上的条带按耕作方向划分，坡地上的条带按等高线划分，集水区和种植区的宽窄依作物需水特性及降水等因素而定。

第二，播种和秸秆还田。播种时采用当地种春小麦的小铧式犁紧贴膜侧开沟播种，同时行距不要小于 40cm，以利于趟地追肥。垄上覆膜沟覆秸秆栽培在玉米拔节初期、趟地追肥之后进行覆盖，覆盖量为 6 000kg/hm² 左右，覆盖的秸秆可用玉米秸或麦秸，玉米秸铡成 5~10cm 长，均匀覆盖不露出地面。

第三，覆膜。垄膜沟膜栽培模式由于沟内覆盖地膜，因此播种前整地要求做到平整细碎，以保证膜紧不坏。垄上覆膜要抻紧，膜侧用土压实。垄膜最好采用黑色地膜，这样可有效防止杂草的滋生。铺膜后每隔 3m 左右压一条土带，垄膜沟膜栽培模式要求土地平坦，播前土壤墒情不影响出苗。

第四，田间管理。播后覆膜，出苗后及时放苗，应掌握放绿不放黄、放壮不放弱、晴天避中午、阴天突击放、大风降温都不放的原则。放苗后及时用土封严膜孔，防止走风漏气和滋生杂草。其他耕作及田间管理方法与传统方法相同。

（二）主要技术经济指标

沟垄微集水技术结合覆盖有效地利用了垄膜的集水和沟覆盖的蓄水保墒功能，改变了降水的时空分布，使降水和肥料集中在种植沟内，提高了降水和肥料利用效率，具有明显的增产作用。与传统模式相比，玉米一般可增产 22%~32%，节水 122~309m³/hm²，水分利用效率提高 0.49~0.66kg/（hm²·mm），休闲期风蚀量减少 26%~33%，同时具有减少水土流失（坡耕地水土流失量减少 21.3%）和田间杂草等作用。

（三）适用范围

沟垄微集水技术适用于干旱较为严重，多为小于5mm无效降水的干旱、半干旱地区，平坦耕地或坡耕地均可采用该技术。

五、玉米秋覆膜保墒栽培技术

（一）技术模式及要点

玉米秋覆膜保墒栽培技术通过秋季覆盖地膜，减少冬季和春季农田土壤水分的无效损失，可以做到春墒秋保、秋水春用，实现降水资源的跨时间调控，从而有效地提高作物产量（图2-4）。主要技术要点包括以下几个方面。

图2-4　东北玉米秋覆膜保墒栽培模式

第一，整地施肥与覆膜。在霜冻之前进行灭茬、深松，一次施足基肥（优质有机肥45t/hm²，磷酸二铵和三元复合肥各225kg/hm²），也可在覆膜的两垄之间深施长效尿素

900kg/hm²（玉米生育中期可免追肥），覆盖地膜，并使地膜尽可能与土壤紧密接触，每隔 1m 在膜上压土，防止冬季大风掀膜。

第二，播种。春季膜上采用机械或人工打孔播种，穴播 2~3 粒，播深 5~8cm，播后镇压，也可采取坐水播种。品种适宜选择中晚熟品种，即可比传统露地品种的生育期长 8~10 天。

第三，田间管理。如果覆膜前底肥没有施用尿素，在玉米拔节期应打孔追施尿素 375kg/hm²；若覆膜前底肥施用尿素可免追肥。其他管理措施与传统方法相同。

（二）技术经济指标

秋后覆膜，翌年春播前耕层土壤含水量较未覆膜处理提高 60%，能够满足春播土壤墒情要求。播种后第 10 天、第 15 天的出苗率，秋后覆膜处理比未覆膜处理分别高出 51.7%、39.8%。秋后覆膜处理的玉米株高、径粗、穗径和穗重明显高于未覆膜处理，两者差异均达到了显著或极显著水平，相对于传统种植方法，秋后覆膜玉米产量可提高 13.4%，可达 11 730kg/hm²，水分利用效率达到 21kg/（hm²·mm），较对照提高 1.5kg/（hm²·mm）。

（三）适用范围

玉米秋覆膜保墒栽培技术适用于冬季和早春土壤蒸发量大、春旱较为严重的地区，一般要求地势较为平坦、土层较深厚、土质疏松、土壤肥力较好的地块。

第二节　西北地膜覆盖主要技术模式

西北地区包括新疆、甘肃、宁夏、陕西、青海、山西和内蒙古中西部。该区域年降水量小于 400mm 的干旱、半干旱农业区以全膜覆盖技术为主，年降水量 400mm 以上的地区以半膜覆盖技术为主，地膜的主要作用在于防止干旱和增加地温。该地区主要覆膜作物为棉花、玉米、马铃薯。由于温度低、风大、干燥和降水稀少等因素的限制，积温不高、干旱缺水和土壤干燥是西北地区农业生产面临的最主要问题，地膜覆盖已成为该区最有成效和广泛应用的重大技术之一。

一、小麦地膜覆盖穴播栽培技术

(一) 技术模式及要点

小麦地膜覆盖穴播栽培技术 (图 2-5) 主要技术要点包括以下几个方面。

第一，选地与整地。地膜覆盖穴播小麦宜选地势平坦、耕性良好、墒情好或有一定灌溉条件的中上等肥力地块。播种时 0~10cm 土层含水量低于 10% 或土壤湿度过大的地块均不适宜种植地膜覆盖穴播小麦。地膜覆盖穴播小麦生育期追肥不便，因此在播前应施足底肥。特别是旱地穴播地膜小麦一般不再追肥。播种前一般施农家肥 30~60t/hm², 尿素 300~420kg/hm², 过磷酸钙 750kg/hm²。欲进行地膜覆盖栽

图 2-5　西北小麦地膜覆盖穴播栽培模式

培的地块，应于前茬作物收获后及时深耕、耙耱、保墒，播前再结合施肥进行浅耕、耙耱，使土地达到疏松、平整、无根茬、无大的坷垃，以利蓄水保墒和铺膜播种。

　　第二，铺膜与播种。选用厚度为 0.005~0.008mm、幅宽为 140cm 的线性膜，用量 45~52.5kg/hm²，铺膜时间随播种时间和土壤墒情而定。在墒情好的情况下，随铺膜随播种。在底墒足、表墒差的情况下，应提前 7~10 天铺膜，适时播种；在土壤过于干旱时，则等雨前抢墒随铺随种；如果土壤湿度过大，则待湿度适宜时再铺膜播种。铺膜时，要做到膜面平直，前后左右拉紧，使地膜紧贴地面，膜边用土压实，膜面上每隔 2~3m 压一土带，以防风吹揭膜和膜孔错位。膜间距 20~30m。为充分发挥穴播地膜小麦的增产效果，应选用抗病性好、生育期较长的大穗、大粒、矮秆、丰产型品种。穴播地膜冬小麦播期比露地小麦播期推迟 7~10

天, 穴播地膜春小麦的播期应比露地小麦提前 5~7 天。穴播地膜小麦播量应比露地小麦减少 10% 左右。但过晚播种小麦应保持常规播量。铺膜和播种作业可由小麦铺膜穴播机一次性完成。

第三, 田间管理。小麦出苗后, 要及时放苗, 防治病虫草害。高秆品种或群体过大的旺苗在拔节期需喷施多效唑。

（二） 主要技术经济指标

小麦地膜平铺穴播种植技术模式有较好的增温和保墒效果, 据测试, 覆膜可以提高地温 2~4℃, 提高耕层含水率 1%~4%, 比露地小麦增产 25% 以上。

（三） 适用范围

小麦地膜覆盖穴播栽培应选择年降水量 400mm 以上的地区。年降水量 400mm 以下的旱地、灌溉条件非常优越的地区以及耕作粗放的地区则不宜推广小麦地膜覆盖穴播栽培技术。

二、玉米宽膜平铺穴播栽培技术

（一） 技术模式及要点

玉米宽膜平铺穴播栽培技术模式是利用 140cm 宽的地膜, 在平整好的地上, 先覆盖地膜, 然后在地膜上打穴播种, 全生育期覆盖 （图 2-6）。主要技术要点包括以下几个方面。

第一, 品种选择。以抗逆性强、增产潜力大的紧凑型玉米杂交种为主。在海拔 900~1 200m 的地区, 应选用中晚熟

图 2-6 西北玉米宽膜平铺穴播栽培模式

品种；在海拔 1 200~1 400m 的地区，应选用中熟品种；在海拔 1 400m 以上的地区，应选用早熟品种。

第二，田块准备。穴播地膜玉米宜选地势平坦、耕性良好、墒情好或有一定灌溉条件的中上等肥力地块。播前施肥浅耕，达到地平土碎、上虚下实；每公顷施有机肥 45t，纯氮 225~270kg、P_2O_5 112.5kg，其中，氮肥 50% 作基肥，50% 作追肥，磷肥一次性基施。

第三，覆膜与播种。选用厚度为 0.005~0.008mm、幅宽为 140cm 的线性膜，用量为 45~52.5kg/hm²，铺膜时间随播种时间和土壤墒情而定。在墒情好的情况下，随铺膜随播种。在底墒足、表墒差的情况下，应提前 7~10 天铺膜。在土壤过于干旱时，则等雨前抢墒随铺随种。如果土壤湿度过大，则应先晾晒，待湿度适宜时再铺膜播种。铺膜时，要做到膜面平直，前后左右拉紧，使地膜紧贴地面，膜边用土压实，膜面上每隔 2~3m 压一土带，以防风吹揭膜和膜孔错位。膜间距 20~30cm。地膜玉米播种期依当地气候条件而定，出苗应避开当地晚霜，比露地玉米早播 10 天左右。地膜一带种 3 行玉米，每穴 2~3 粒，播深 3~4cm，每公顷留苗 5.25 万~6 万株。铺膜和播种作业可由玉米铺膜穴播机一次性完成。

第四，田间管理。应加强田间管理，及时放苗，适时定苗，实行病虫草害统防统治。

（二）主要技术经济指标

与常规露地种植相比，覆膜可以提高地温 3℃ 左右，提高耕层含水率 2%~4%。和露地玉米相比，可提高产量 20% 以上。

（三）适用范围

该技术适用于西北干旱、半干旱地区的不保灌地、年降水量 400mm 以上春玉米种植区。

三、小麦垄盖膜际栽培技术

（一）技术模式及要点

小麦垄盖膜际栽培技术也称小麦膜侧种植技术，在地面上起垄，然后在垄上覆盖地膜，在膜侧的沟内播种小麦。主要技术要点包括以下几方面。

第一，良种选择和田块准备。选择抗逆性强、增产潜力大的紧凑性高产品种。为充分发挥地膜覆盖增产潜力，应选择土层深厚、土质疏松、肥力中等的平地，同时结合施足底肥，精细整地，达到无坷垃、无根茬、无杂草、田面平整、上虚下实、足墒待种的标准。

第二，铺膜播种。选用幅宽为 50~70cm、厚度为 0.005~0.008mm 的地膜，人工或机械起垄、盖膜、播种。以 120cm 为一带，采用宽窄行种植，宽行为 80cm，窄行为 40cm。窄行起高 10~15cm 垄，地膜盖在垄背上，小麦种在膜侧，保证种子与膜边距离不要超过 5cm。

第三，田间管理。及时间苗，拔除分蘖，适时追肥，加强病虫害防治。

（二）主要技术经济指标

该模式利用了地膜增温保水的特性，特别是集雨叠加效应，改善了旱地玉米生长的土壤水分环境，增产效果明显。该技术操作简便，可降低成本，不需要在膜上作业，省去打孔播种、破苗及放苗、用湿土封苗孔等工序，不会出现因放苗不及时造成烧苗的情况；对整地质量要求也相对较低；地膜完整，作物收获后残膜容易回收，可减少对土壤环境的污染。在干旱地区，与露地相比，产量可增加 15% 以上。且膜侧栽培地膜可再利用，降低了成本，提高了经济效益和社会效益。

（三）适用范围

该技术适用于降水量为 400mm 以上的旱作小麦种植区（除干旱冷凉地区外）。

四、夏休闲期覆膜秋播冬小麦栽培技术

（一）技术模式及要点

夏休闲期覆膜秋播冬小麦技术模式是指冬小麦收获后深

耕晒垡，雨后条带施肥覆膜，到秋季播种时不揭膜直接在膜上穴播小麦，直到次年收获为止。该项技术最大的特点为充分蓄保夏休闲期降水，能够有效解决北方旱地冬小麦在生产中遇到的干旱问题。主要技术要点包括以下几个方面。

第一，选择良种，适期播种。选用抗寒、耐旱的中矮秆丰产品种，比当地最佳露地播期推迟 7~10 天，采用地膜穴播机播种，播种量为 $105~120kg/hm^2$。

第二，选择中上等地块、精细整地。夏季作物收获后，选择土壤肥力较高的地块，遇大雨后及时深耕，耕后地面平整、无坷垃。

第三，覆膜。在整地和施肥后，选用幅宽为 140cm、厚度为 0.005~0.008mm 的普通聚乙烯地膜立即覆盖，梯田和小块地用人工覆膜，地势平坦的大块地可选用机械覆膜。

第四，田间管理。一般比常规施肥量增加 15% 以上。一次性把有机肥、化肥一起底施，最好使用长效碳酸氢铵或涂层尿素。所有肥料可在深耕前撒施，随耕地翻入土壤。对地下害虫为害严重的田块，可用 20% 的甲基异柳磷乳油结合播前浅耕喷雾翻入土中。

第五，田间管理。及时放苗，防治病虫草害。

（二）主要技术经济指标

夏休闲期覆膜使更多的降水贮存在土壤水库中，冬小麦播前 2m 土层土壤有效贮水平均达到 129.9mm，较休闲期裸露地的 63.8mm 增加近 1 倍，使夏休闲期降水的保蓄效率平均达到 70.8%。较露地条播产量增加 67.3%，水分利用效率提高 1.8kg/(hm^2·mm)。

（三）适用范围

该技术主要用于降水量集中在 7 月、8 月、9 月的旱作冬麦区。

五、玉米秋覆膜春播栽培技术

（一）技术模式及要点

玉米秋覆膜春播技术模式指秋作物收获后，于当年秋末冬初按下一年春播玉米播种要求整地施肥，并及时覆盖地膜，到春季播种时不揭膜直接在膜上播种，一直到秋季收获为止（图 2-7）。主要技术要点包括如下几个方面。

图 2-7　西北玉米秋覆膜春播栽培模式

第一，精细整地，施足基肥。选择地势平坦的地块，一般以在 9 月下旬至 10 月上旬雨后整地、施肥为宜。肥料结合整地施入。每公顷施有机肥45t，纯氮225~270kg、P_2O_5 112.5kg，其中，氮肥60%作基肥，40%作追肥，磷肥一次性基施。

第二，覆膜。秋覆膜一般在上年度秋末冬初进行。可采用幅宽为140cm地膜覆盖，覆膜田间净宽度为120cm，机械或人工（平作或起垄）覆膜。覆膜前可喷施40%的膜草净以防翌年春季杂草顶膜。

第三，良种选择。以抗逆性强、增产潜力大的紧凑型玉米杂交种为主。在海拔900~1200m的地区，应选用中晚熟品种；在海拔1200~1400m的地区，应选用中熟品种；在海拔1400m以上的地区，应选用早熟品种。

第四，播种。翌年选择抗旱节水玉米品种直接在膜上播种，地膜玉米播种期依当地气候条件而定，出苗应避开当地晚霜，比露地玉米早播10天左右。一般膜上种植3行。每穴2~3粒，播深3~4cm，每公顷留苗5.7万~6万株。

第五，田间管理。及时放苗，适时定苗，实行病虫草害统防统治。

(二) 主要技术经济指标

该技术增强了对不均匀降水的时空调配利用，使玉米播前1m深土壤多贮水35mm左右，秋覆膜玉米产量平均为 10 500kg/hm^2，较春覆膜种植提高近67%。2000年历史大旱之年，玉米无法播种，加之关键需水期持续高温，春覆膜玉米产量仅4 770kg/hm^2，但秋覆膜产量达到8 260.5kg/hm^2，增产73.2%；玉米水分利用效率为26.7kg/(hm^2·mm)，较春覆盖 21.6kg/(hm² · mm) 提高 23.6%。

（三）适用范围

该技术主要适用于北方春旱发生频繁的春玉米种植区。

六、玉米"一膜两年用"栽培技术

（一）技术模式及要点

玉米"一膜两年用"栽培技术模式指在前茬地膜玉米收获后的农闲期，不再耕翻土地，而是在原地膜上播种下茬作物，这样一次覆膜连续种植两茬作物。该模式主要技术要点包括如下几个方面。

第一，有计划安排好茬口及适宜品。地膜玉米"一膜两年用"要注意季节时间的衔接，使上下茬作物都能发挥增产的优势，必须要安排好种植茬口，合理搭配早、中、晚熟品种。甘肃省玉米一膜两用的主要模式有：地膜玉米收获后直播冬小麦或冬油菜等，地膜玉米不揭膜第二年直播玉米等。

第二，选用耐塑性地膜。地膜玉米"一膜两年用"覆盖栽培，地膜应用的时间长，所以，要求选用高强度耐塑性优质地膜，用后能完全清除，不残留污染土壤。如果地膜过薄，拉力不强，耐塑性不好，很快老化碎裂，则达不到"一膜两用"的目的。在膜间空带覆盖小麦、玉米和高粱等秸秆时，将秸秆铡成长 20cm 左右，每公顷覆盖量 7.5t，其他杂草每公顷用量为 10.5t。为了增加地膜使用茬次，延长有效使用时间，要精心使用、细心维护，保持地膜完整，减少破口。

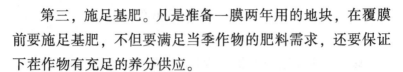

第三，施足基肥。凡是准备一膜两年用的地块，在覆膜前要施足基肥，不但要满足当季作物的肥料需求，还要保证下茬作物有充足的养分供应。

（二）主要技术经济指标

该技术最大限度地保蓄土壤水分，减轻休闲季节土壤水分的无效蒸发，提高土壤水分含量 5% ~ 10%。比露地增产 26% 以上。只要合理追肥，下茬作物产量与新膜覆盖的差异并不明显，但节约了一年的地膜和部分劳力投入，是一项经济、社会、生态效益明显的玉米免耕栽培技术。

（三）适用范围

该技术适用于海拔 2 200m 以下、年降水量 350mm 以上、无霜期为 130 ~ 140 天的半干旱雨养农业区。

七、玉米全膜覆盖双垄沟播栽培技术

（一）技术模式及要点

玉米全膜覆盖双垄沟播栽培技术模式简称玉米全膜双垄沟播技术模式，即在地表起大小双垄后，用地膜全覆盖，在沟内播种玉米的种植技术（图 2-8）。主要技术要点包括以下几个方面。

第一，选地整地。一般应选择土层深厚、耕性良好、肥力较好的平地或缓坡地种植，前茬收获后及时深耕灭茬。

第二，施肥起垄。一般每公顷施优质腐熟农家肥 45 ~ 75t、尿素 450 ~ 525kg、过磷酸钙 750 ~ 1 050kg，起垄前均匀撒在地表，化肥混合后均匀撒在小垄的垄带内，或每公顷施

图2-8 西北玉米全膜覆盖双垄沟播栽培模式

玉米专用肥1 200kg。川台地按作物种植走向开沟起垄、缓坡地沿等高线开沟起垄，大垄宽70cm、高10cm，小垄宽40cm、高15cm，每幅垄对应一大一小、一高一低两个垄面。要求垄和垄沟宽窄均匀，垄脊高低一致。若立地条件好、土壤疏松绵软、交通方便，推荐使用LFX（R）40/80小型施肥起垄机，用起垄机沿小行中间开沟起垄。也可用步犁开沟起垄，沿小行画线来回向中间翻耕起小垄，将起垄时的犁臂落土用手耙刮至大行中间形成大垄面。起垄覆膜应连续作业，防止土壤风干造成水分散失。

第三，覆膜。一般覆膜时间为秋季覆膜（10月下旬至土壤封冻前）和顶凌覆膜（3月上中旬土壤昼消夜冻时）。用厚度为0.008~0.01mm、幅宽为120cm的地膜，沿边线开深5cm左右的浅沟，地膜展开后，靠边线的一边在浅沟内，用土压实，另一边在大垄中间，沿地膜每隔1m左右，用铁锨从膜边下取土原地固定，并每隔2~3m横压"土腰带"。

覆完第一幅膜后，将第二幅膜的一边与第一幅膜在大垄中间相接，从下一大垄垄侧取土压实，以次类推铺完全田。覆膜时要将地膜拉展铺平，从垄面取土后，应随即整平，也可用起垄覆膜机一次完成。覆盖地膜一周左右后，地膜与地面贴紧时，在垄沟内每隔50cm处打一直径3mm的渗水孔以便降水入渗。

第四，种子准备。海拔2 000m以下地区用中晚熟品种，海拔2 000m以上地区用早熟品种，药剂拌种或种子包衣。在西北地区，当地表5cm地温稳定通过10℃时为玉米适宜播期，各地可结合当地气候特点确定播种时间，一般在4月中下旬。年降水量为300~350mm的地区每公顷种植密度以4.5万~5.25万株为宜，年降水量为350~450mm的地区以5.2万~6万株为宜，年降水量为450mm以上地区以4 000~4 500株为宜。肥力较高的地块可适当加大种植密度。每穴下籽2~3粒，播深3~5cm，播后用湿土封孔口。

第五，田间管理。及时间苗，拔除分蘖，适时追肥，加强病虫害防治。

（二）主要技术经济指标

该技术将地面蒸发降到最低，最大限度地保蓄自然降水，特别对早春小于10mm的微小甚至无效降水能够有效拦截，集中渗于作物根部，被作物有效利用。应用该技术比半膜覆盖玉米栽培技术增产20%~30%，水分利用效率提高30%左右。

（三）适用范围

该技术主要适用于海拔 2 300m 以下、年降水量为 250~
500mm 的半干旱和半湿润偏旱区。

八、棉花膜下滴灌栽培技术

（一）技术模式及要点

棉花膜下滴灌技术是指将滴水灌溉技术与薄膜覆盖栽培
技术进行有机结合形成的一种集局部灌溉（滴灌技术）与覆
膜保护栽培于一体的棉花灌溉栽培新技术，主要技术要点
如下。

第一，毛管配置方式。棉花膜下滴灌系统的毛管典型铺
设模式主要有 3 种。即"一管两行"（A 型）、"一管四行"
（B 型）和"二管六行"（C 型）。在 A 型模式下，棉花种植
采取（30+60）cm 宽窄行配置方式，即在 1 条薄膜带上种植
4 行棉花，膜下滴铺设 2 条滴灌带（毛管），滴灌带置于
30cm 窄行之间，单支滴灌管的浸润范围包括 2 行棉花。在 B
型模式下，棉花种植采取（20+40+20+60）cm 宽窄行距配置
方式，即在 1 条薄膜带上种植 4 行棉花，膜下滴铺设 1 条滴
灌带（毛管），毛管置于膜下滴 40cm 宽行之间，单支毛管
浸润范围包括 4 行棉花。在 C 型模式下，棉花种植采取
（10+66+10+66+10+60）cm 的宽窄行距配置方式，即在 1 条
薄膜带上种植 6 行棉花，膜下滴铺设 2 条滴灌带（毛管），
毛管置于膜下滴 66cm，宽行中央。这种模式便于棉花的机
械采收。

第二，选地整地及播种。选择土层深厚、含盐量低于 3g/kg、肥力较好的平地种植，前茬收获后及时深耕灭茬平整成待播状态。当连续 3 天地表 5cm 土温稳定在 12℃ 以上时就可播种。采用膜上点状穴播方式，株距 8~10cm，每穴 2~3 粒种子，在精量播种条件下为 1~2 粒。种植密度为 22.5 万~30 万株/hm²。

第三，棉花膜下滴灌。新疆等干旱区膜下滴灌模式下棉花全生育期耗水量为 5 700~6 300m³/hm²。对翌年计划种植膜下滴灌的棉田要进行秋冬灌溉，储足底墒，这能显著减轻棉花害虫越冬虫口密度，减轻翌年害虫发生程度。进行过秋冬灌但播种时地表干土层较厚的棉田，或者未进行过秋冬灌需要"干播湿出"的棉田，一般在播种后即滴水 225~300m³/hm² 用于补墒出苗。若是 B 或 C 型毛管铺设方式，需加大灌溉量至 450~525m³/hm²，确保远离滴灌带的棉种也能够足墒出苗。在底墒较好的情况下，一般安全灌溉临界值为滴灌带正下方相对持水量在 75% 左右。第一次灌水一般在 6 月中旬进行，滴水量为 525m³/hm² 左右。开花后棉花对水分需要量加大，灌水量为 450~525m³/hm²，灌水周期为 8~10 天，最长不超过 12 天。棉花盛铃后滴水量可逐次减少，一般在 8 月下旬至 9 月初停止滴水，遇秋季气温较高年份，停水时间要适当延后。

第四，棉花膜下滴灌施肥。为了充分发挥滴灌系统随时供水、供肥的优越性，提高肥料利用效率，要根据土壤氮、磷、钾及微量元素含量情况，确定棉田的施肥种类及其数量，避免盲目施肥。滴灌棉花播种后滴水补墒、出苗至开花前一般不进行施肥和滴水，因此，应将出苗至盛蕾期棉花生长所需的养分在冬前作为基肥施入，或在播后滴出苗补墒水时施入。棉花膜下滴灌自开花前后一直到始絮前，棉田一直都在灌溉，可同步坚持"一水一肥"施用。若施用滴灌专用肥，盛蕾期至始花期，每次施用量为 $45 \sim 60 \text{kg/hm}^2$，盛花期和盛铃期为 $60 \sim 90 \text{kg/hm}^2$，盛铃期过后为 $45 \sim 60 \text{kg/hm}^2$，逐次减少直到 8 月底结束施肥；在施用单成分肥料情况下，在盛铃始花期，每次施用尿素 $30 \sim 45 \text{kg/hm}^2$，盛花期和盛铃期为 $60 \sim 80 \text{kg/hm}^2$，之后逐渐减少直到 8 月底结束施肥，在此期间，在盛花期和盛铃期配合施用磷酸二氢钾 $1 \sim 2$ 次，每次 $30 \sim 45 \text{kg/hm}^2$，施用硫酸钾 $2 \sim 3$ 次，每次 $60 \sim 80 \text{kg/hm}^2$。

第五，棉花膜下滴灌的化学调控。在生产中应视棉花品种、长势长相，按照"早、轻、勤"的原则适时适量地喷洒化学调节剂。一般可施用缩节胺，具体是在棉花子叶期施用有效成分≥98%（下同）的缩节胺 225g/hm^2，二叶期施用缩节胺 $225 \sim 300 \text{g/hm}^2$，现蕾期施用缩节胺 $300 \sim 450 \text{g/hm}^2$，始花期施用缩节胺 $450 \sim 675 \text{g/hm}^2$，盛花期施用缩节胺 $450 \sim 675 \text{g/hm}^2$，棉花打顶后 $5 \sim 7$ 天施用缩节胺 $1\,350 \sim 1\,800 \text{g/hm}^2$。

（二）主要经济技术指标

该技术将在地面的蒸发降到最低，没有深层渗漏产生。在同等产量水平下，比常规沟灌与淹灌节约用水 30% ~ 50%。农用薄膜覆盖、供水灌溉的滴灌带（管）铺设和作物播种三道工序一次性机械化作业完成，减少了作业成本。灌溉与施肥的有机结合确保了水分成点滴状态缓慢、均匀、定量地浸润作物根系生长集中的土体，使作物主要根系活动区的土壤始终保持在适宜含水状态，确保作物在不同生长发育阶段都可获得适宜的肥料供应。膜下滴灌技术显著提高了棉花产量与水分生产率。

（三）适用范围

该技术主要适用于年降水量低于 100~300mm 的干旱区与半干旱区。

第三节　华北地膜覆盖主要技术模式

华北地区包括北京、天津、河北、河南、山东。该区域主要使用半膜覆盖技术，地膜的主要作用在于早春增温保墒防草。该地区主要覆膜作物为棉花、花生、蔬菜，一年二熟或一年一熟。

一、棉花地膜覆盖栽培技术

（一）技术模式及要点

棉花地膜覆盖栽培方式主要有两种，即双垄覆盖大小行种植和单垄覆盖等行距种植模式。双垄覆盖有先造墒随后播种覆盖和先播种覆盖后浇水两种途径。先造墒随后播种覆盖技术是覆盖时先造墒，再旋耕、耙地、播种覆盖。这种方法适合水浇条件方便的地区。先播种覆盖后浇水技术是先播种，在拱棚覆盖（平畦贴着地面盖膜、起垄的地块盖在垄半坡以利于水分入渗到垄内）后浇水。这种种植方法适合浇水条件不方便的地区。双垄覆盖一般采取大小行种植，大行80～140cm，小行50cm（地膜幅宽90cm）。单垄覆盖一般采取等行距种植，一般行距65～100cm（地膜宽50cm），起垄覆盖或平畦覆盖均可（图2-9）。主要技术要点包括以下几个方面。

图2-9　华北棉花地膜覆盖栽培模式

第一，选用优种。棉花可选用杂交抗虫棉"邯杂154""冀生棉19"，常规棉可选用"冀棉298"等品种。

第二，整地。先盖后播、随盖随播的造墒播种地块，先施足有机肥和磷、钾肥，进行犁地或旋耕。盖膜前7～10天灌水造墒，地皮发黄时及时整地。免耕的地块播前5～7天造墒，随浇水施用复合肥或涂层肥料750kg/hm² 作为底肥。先播种覆盖后浇水（干种）的地块是先施肥整地、起垄。

第三，喷施除草剂。与机播同步，在膜下喷施48%仲丁灵乳油 1 500~1 800mL/hm²。人工种植在盖膜前喷施，防治膜下杂草。根据需要一般用幅宽为 90~120cm 的聚乙烯膜进行覆膜，每公顷用 26~30kg/hm²，机播时覆膜、播种、除草、施肥、压土一次完成。

第四，株行距配置。适当加大行距、相应缩小株距能增加棉田的通透性，利于棉花高产优质。棉株高度加上 10cm，为最佳行距，能保证预定密度。一般情况下，肥地宜稀，瘦地宜密。高产田密度一般为 45 000~52 500株/hm²，低产田密度为 52 500~67 500株/hm²。平播地块，当棉苗顶住地膜时，在早上或傍晚、气温不太高时，把膜划开，放苗。放苗后，可在苗根际周围压土，堵住放苗孔。沟播地块，棉苗顶膜时，可先扎孔，暂缓放苗，放苗后再压土。早定苗，促弱苗。地膜棉 1 叶期到 3 叶期只有 8~9 天，一般在出现 2~3片真叶时定苗较好。定苗时间延后易形成高脚苗。弱苗要及时喷施或浇灌沼液或云大 120 加 2%磷酸二铵，促弱苗赶壮苗。

第五，田间管理。针对地膜棉花发苗快、蕾期易徒长、后期易早衰等特点，蕾期管理应注意促壮控旺、促下控上，使棉株稳长。一般不需追肥浇水。在主茎长到 3~5 片真叶时，用有效浓度≥98%（下同）的缩节胺 1.5g/hm²；7~8片真叶时，用缩节胺 7.5~15g/hm²，使棉株日长量控制在现蕾期 0.5cm、4 个果枝时 1.4cm、5 个果枝时 1.5cm，达到营养生长和生殖生长的协调发育。破膜是直接用耧或锄等工具直接将膜划破，或在有膜行间追施花铃肥时，直接把膜划破，创造表层土壤相对干旱的环境促根下扎，旱地为保墒可全程覆膜。在棉花的花铃期，饱浇盛花水，并可追施三元复合肥或氮、钾肥 $150 \sim 225 \text{kg/hm}^2$，还可根据苗情喷施缩节胺，把主茎日长量控制在 $2 \sim 2.4 \text{cm}$，构建较为理想的冠层结构，达到光热同季、高光合效能、需肥水高峰与结铃高峰同步。一般棉田 7 月中旬开始打顶，7 月下旬整理下部 $1 \sim 4$ 个果枝群尖，8 月下旬整理中部果枝边尖，9 月上旬切除顶部 $1 \sim 3$ 个果枝的群尖和无效蕾，减少无效生长。

第六，病虫害综合防治。苗蕾期用吡虫啉、阿维菌素防治棉蚜、红蜘蛛，6 月、7 月和 8 月的下旬分别开展二代、三代、四代棉铃虫的测报防治，秋暖年份注意防治五代棉铃虫。

第七，后期管理。一是在 8 月 20 日以后可将烂铃和黄铃摘除回家晾晒；二是在防治病虫害的同时喷施叶面肥，促进棉花秋桃生长。

（二）主要技术经济指标

地膜覆膜可使棉花播种期及苗期耕层地温提高 $2 \sim 4℃$，播后 25 天的 $0 \sim 20 \text{cm}$ 土壤含水量较对照提高 7%，氮素养分利用率提高 10% 以上，钾素利用率提高 5.8%，磷素利用率提高 25.1%。总体上，棉花早出苗 4 天左右，三叶期提前 5 天左右，早现蕾 7 天左右，开花、吐絮早 $8 \sim 9$ 天，单株成铃多 $3 \sim 4$ 个，棉花增产 $225 \sim 450 \text{kg/hm}^2$。

（三）适用范围

华北所有区域，棉瓜、棉菜、棉薯、棉蒜等高效间作套种区域，冀中南水地、旱地，无霜期短的北部棉区、盐碱地棉田均可采用。

二、棉花/洋葱地膜覆盖间套栽培技术

（一）技术模式及要点

棉花/洋葱地膜覆盖间套栽培技术一般在 8 月下旬至 9 月上旬露地育苗，10 月中下旬至 11 月上旬前定植，定植时地膜覆盖，5 月底至 6 月上旬收获。棉花在 4 月下旬洋葱预留行播种。华北地区常见栽培模式有 3 种。模式一：200cm 一带套种样式，即畦宽 200cm，畦埂宽 40cm，每畦覆 2 幅地膜，两膜中间套种 1 行棉花，每畦埂上套种一行棉花，每幅地膜定植 5 行洋葱，每畦 10 行，平均行距 20cm。模式二：100cm 一带套种样式，即畦宽 100cm，畦埂宽 30cm，每畦覆 1 幅地膜，每畦埂套种 1 行棉花，每畦定植 5 行洋葱，平均行距 20cm。模式三：150cm 一带大小行间作样式，小行距 50cm，每套 2 行棉花，地膜覆盖，大行距 100cm，覆 1 幅地膜，定植 6 行洋葱，平均行距 25cm（图 2-10）。

主要技术要点包括以下几个方面。

第一，选种和育苗。选用优种，棉花采用"邯杂 154"等杂交棉或高产抗病虫常规品种 15~22.5kg/hm²。洋葱选用优质、高产、抗病的"黄玉葱""紫星"等品种。育苗时间，冀中南地区 8 月下旬至 9 月上旬播种育苗，一般在白露前 3~5 天育苗。苗床面积不小于定植面积的 1/10，500g 种子育苗 66.7m²，可栽 666.7m²。每用种子 3~5g，可出苗

图2-10　华北棉花/洋葱地膜覆盖间套栽培模式

35～60株。灌足底墒水，将种子与沙土按1∶10混合后撒播，然后覆0.5～1cm厚的细土，出苗前喷除草剂，并注意防治地下害虫。畦面见干后必须浇第二水，种子出土时浇第三水，以后每隔10天左右浇一水。注意间苗，苗距2cm为宜。壮苗标准：株高15～25cm，3～5片真叶，单株重6～8g，假茎基部直径0.6～0.9cm，叶色深绿，苗龄60天左右。定植前起苗时，按苗大小分等级，淘汰假茎基部直径小于0.4cm的弱苗和大于1cm的大苗。定植前留根1～1.5cm，其余的全部剪去。

　　第二，定植。冀中南地区10月中下旬至11月上旬（寒露节前后）定植。底施腐熟有机肥60t/hm^2、纯氮100kg/hm^2、P$_2$O$_5$ 75kg/hm^2、K$_2$O 225kg/hm^2（用硫酸钾）。作畦浇水，水渗后覆膜前用33%除草通乳油1 500～2 250mL/hm^{2}将地面喷匀，然后趁湿盖膜，紧贴地面两边压牢，设定株行距（15~20）cm×（13~15）cm，密度为30万~45万株/hm²。用自制的钉耙，在膜上打孔眼，在孔眼将葱苗插住，深度为1.5~2cm（埋没小鳞茎1cm），栽后浇水，4~5天后再浇一次缓苗水，即可越冬。

第三，田间管理。冬前管理主要是护膜，洋葱定植后要及时浇水，翌年及时中耕、松土，提高地温，3月上旬开始浇水，收获前共浇4~5水，每次浇水都要少量追肥，前两次施尿素150kg/hm²，后两次施磷酸二氢钾75kg/hm²，每次浇水后要适时锄划。

第四，病虫害防治。全生育期要用碱式硫酸铜、噁霜灵·代森锰锌、百菌清等防治软腐病、霜霉病、灰霉病，用阿维菌素防治斑潜蝇，用苦参碱防治地蛆，喷药时加微肥、叶面肥，促进高产，提高品质。收前10天停止浇水。假茎变软、植株倒伏为正常收获期。

第五，棉花播种。于4月下旬在洋葱预留行播种。"邯154""石杂101"等品种的株距为20cm，"傻瓜棉"的株距为33cm。洋葱收刨后翻埋残枝烂叶，浇一次透水。棉花其他管理同常规技术。

（二）主要技术经济指标

洋葱地膜覆盖使地温增高3~5℃，鳞茎膨大期正处于华北地区昼夜温差大的时期，一般每公顷产量15 000kg以上，提前收获7~20天，品质、价格都优于露地洋葱，增收22 500元/hm²。

（三）适用范围

华北有水浇条件的地区。

三、秋播大蒜地膜覆盖栽培技术

（一）技术模式及要点

秋播大蒜采用地膜覆盖栽培技术，播种要求行距在15cm左右，株距6~8cm，开沟深度为10cm，将种瓣排在沟中，并使其保持直立，一般地块以栽植60万株/hm² 左右为宜，使用地膜120~150kg/hm²。主要技术要点包括以下几个方面。

第一，优良品种选择。选择丰产性好、抗病力强的白皮类大蒜品种。如山东冠县大蒜，每个蒜头有7~8瓣，外皮稍带紫红色、皮薄，蒜瓣肥大、辣味浓、品质好，属于有薹种。生长健壮，耐寒性强，抽薹率高，耐贮藏，适于秋栽。

第二，适期播种。大蒜必须适期播种，播种过早，出苗率低，且易出现复瓣蒜；播种过迟，冬前生育期短，幼苗太小，易受冻害，且影响大蒜产量及品质。为了保证大蒜越冬前植株叶片数达到4~5叶，一般适宜播期在9月下旬至10月上旬。

第三，整地施肥。大蒜对土壤的适应性较广，沙壤、壤土地都可以栽植，但以有机质丰富、土层深厚、排水良好的微酸性沙质土壤为好。上茬作物收获后要及早耕翻晒垡，活化土壤。由于覆盖地膜，在大蒜生长期间不宜追肥，因此，在播种前应结合整地一次性施足底肥，每公顷施优质农家肥75t、饼肥1 200kg、尿素750kg、磷肥1 200kg、磷酸钾复合肥375kg、硫酸锌22.5kg。种植大蒜的地块需要深翻细耙，

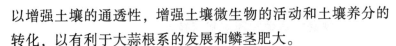

以增强土壤的通透性，增强土壤微生物的活动和土壤养分的转化，以有利于大蒜根系的发展和鳞茎肥大。

第四，播种盖膜。选择个头大、蒜瓣大而整齐、蒜瓣硬实、颜色洁白而无病的蒜头作种。一般要求蒜瓣百粒重400g以上，当地温稳定在18~19℃即可播种，这样到越冬时蒜苗高可达25cm以上，有利于安全越冬。播种要求行距在15cm左右，株距6~8cm，开沟深度为10cm，将种瓣排在沟中，并使其保持直立，一般地块以每公顷栽植60万株左右为宜。将大蒜种摆好后进行覆土盖膜，覆膜时要求地膜在畦面上平展而无皱褶，地膜下面无空隙，使地膜紧贴畦面，以免滋生杂草。当大蒜出苗50%以上时进行破膜，破膜用尖铁丝膜上扎孔，孔口直径控制在1cm左右。

第五，田间管理。播种后立即浇1次透水，等苗出齐后再浇第二次水，在土壤封冻前浇1次防冻水。数天后覆盖草苦或玉米秸秆，防寒防旱，保证蒜苗安全越冬。春分前后应及时清除地面覆盖物并选晴朗温暖天气浇水，促进蒜苗及早返青生长。4月初至月底根据墒情每5~7天浇1次发棵水，随水追肥2~3次，一般每公顷施硫酸铵或尿素1 500~2 250kg，采薹前3~4天停止浇水。蒜薹收获后应经常保持土壤湿润，促进蒜头迅速增大，直至收获前2~3天停止浇水。

第六，防治病虫害。当蒜苗长到2叶1心时就要及时防治蒜蓟马和蒜蝇等害虫，可选用高效氯氰菊酯等高效低毒农药。3月中旬注意防治蒜蛆、蒜螟，用药同上。防治大蒜叶

枯病，用 50% 多霉灵可湿性粉剂或 65% 甲霉灵可湿性粉剂
1 000 倍液喷雾。

第七，适时收获。单层地膜一般在 5 月中下旬收获。采
用双层地膜栽培的大蒜可提前 7~10 天收获，此时植株叶片
大部分已经枯干，假茎变软，争取时间提前采收上市，及时
出售获取较高的收益。

（二）主要技术经济指标

秋播大蒜采用双层地膜覆盖栽培技术具有提高产量、提
早上市的作用，与单膜覆盖相比能增加经济效益 20% 左右。

（三）适用范围

华北所有大蒜种植区域。冀中南水地、旱地均可采用。

四、春大豆地膜覆盖栽培技术

（一）技术模式及要点

春大豆地膜覆盖栽培技术包括覆膜穴播和膜际条播（图
2-11）两种方式，主要技术要点包括以下几个方面。

第一，品种选择与种子处理。根据自然条件和市场需
求，因地制宜地选择熟期适宜或比当地常用品种生育期稍长
的高产、优质、抗逆性强的审定推广品种。种子播前要进行
精选，用大豆选种机或人工粒选，剔除病斑粒、虫食粒及杂
质。种子的纯度、净度不低于 98%，发芽率不低于 90%，含
水量不高于 13%。在播种前可以用 35% 甲基硫环磷乳油按种
子量的 0.5% 拌种；或每公顷用 5% 甲拌磷颗粒 22.5~30kg，
随种肥下地，防地下害虫等。如果土壤有效钼含量每千克小

图 2-11　华北春大豆地膜覆盖栽培模式

于 0.15mg 时，每千克种子用 0.5g 钼酸铵，溶于 20mL 水中，喷洒在豆种上混拌均匀，阴干后播种。

第二，整地与施肥。秋季深耕蓄墒，耕深 20~25cm，做到除净根茬、无漏耕、无坷垃。结合整地措施，一次性按量施入底肥，包括有机肥和化肥。

早春及时顶凌耙糖，春旱时要镇压提墒。当耕层土壤解冻 12cm 时，及时进行整地，结合整地，秋季未施肥的要按量施肥。遇雨要及时覆膜保墒。每公顷施有机肥（有机质含量 8% 以上）15t 以上，硝酸铵 300kg，过磷酸钙 450kg。结合秋整地一次性施入。大豆生长较弱时，可在二遍中耕前追施氮肥，每公顷施尿素 37.5~75kg，追肥后立即中耕培土。大豆前期长势较差时，在大豆初花期每公顷用尿素 10kg，加磷酸二氢钾 1.5kg，溶于 500kg 水中喷施。

第三，播种。播种方法有两种，均需采用相应机械播种。一是覆膜穴播法，即先整地铺膜，选用幅宽为 80cm、厚度为 0.005~0.007mm 的强力超微膜，覆膜时不起垄，平铺地面，膜面 60cm，膜间距 30cm，膜上种大豆 2 行，用覆膜穴播机播种，穴距平均 11cm，每穴播种 1~2 粒。播后及时堵膜孔。二是膜际条播法，选用幅宽为 40cm 的微膜，采用覆膜条播机一次完成起垄、覆膜、播种等工序，垄宽 30cm，行距 30cm，每公顷播种 75kg 左右。播后及时整理地膜，杜绝漏压膜，随时检查地膜覆盖情况，防止膜被风吹起。

第四，苗期管理。在子叶展开至第一片复叶展开前，进行人工间苗，按计划密度 1 次定苗。根据大豆品种特性及水、肥条件，一般覆膜穴播的每公顷保苗 15 万~19.5 万株，膜际条播的每公顷保苗 19.5 万~24 万株。地膜大豆中耕除草主要指膜间部分，要求生育期内中耕除草 3 次。为防治蚜虫和红蜘蛛，可用 40%乐果乳油或 40%氧乐果乳油，每公顷用量 1.5kg，兑水 300kg 喷洒；或用 5%氰戊菊酯乳油 150~300mL，兑水 450~600kg 喷雾；或用 50%抗蚜威可湿性粉剂 120g，兑水 450kg 喷雾。每公顷用 2.5%氯氟氰菊酯乳油 150~300mL，或用 10%氯氰菊酯乳油 350~680mL，兑水 450kg 喷雾，每次间隔 7 天左右，以防治食心虫。

（二）主要技术经济指标

与露地条播种子模式相比，两种覆膜栽培技术模式单产分别达 3 480 kg/hm² 和 2 850 kg/hm²，增幅达 50.6% 和 23.4%。经济效益核算表明，地膜大豆不仅增产，而且增值显著。覆膜大豆产值比露地条播高 2 160~4 680元/hm²。由于播种均采用机械，免除了人工铺膜、打孔、放苗等操作过程，且苗期管理省去了部分中耕除草工时，因此地膜大豆经济效益非常显著，推广应用前景好。

（三）适用范围

主要适用于我国华北半湿润偏旱区的大豆主产区。

五、春谷子地膜覆盖栽培技术

（一）技术模式及要点

春谷子地膜覆盖栽培技术模式（图2-12）主要包括以下几点。

图2-12 华北春谷子地膜覆盖栽培模式

第一，种子选择和处理。选择已经有关部门审定的高产、优质品种，要求株高适中，抗病、抗倒性强，种子纯度和净度在98%以上，发芽率大于90%，含水量在15%以下。播前一周，将种子在阳光下晾晒2~3天。播前3~5天，用

10%的盐水溶液浸泡，捞出漂在水面上的秕谷、草籽等，将下沉饱满籽实捞出，用清水洗净，晾干待播。为预防谷子黑粉病和白发病，用种子量0.25%的瑞毒霉等农药拌种。

第二，田块的准备。一般选择土层深厚、肥力中等以上地块，土壤有机质含量在2%以上，pH值在7左右。前茬选择大豆、小麦茬及耕作条件好的玉米、高粱茬，避免重茬和迎茬。秋季深耕蓄墒，耕深20~25cm，做到除净根茬、无漏耕、无坷垃。结合整地措施，一次性按量施入底肥，包括有机肥和化肥。早春及时顶凌耙耱，春旱时要镇压提墒。当耕层土壤解冻12cm时，及时进行整地，结合整地，秋季未施肥的要按量施肥。遇雨要及时覆膜保墒。地膜谷子在生长期不便追肥，要结合秋耕或播前浅耕，一次性施足底肥。一般每公顷施农家肥15~30t，纯氮120~150kg，P_2O_5 75~90kg，N：P以1：（0.5~0.75）为宜。

第三，播种方法。播种方法有两种，均需采用相应机械播种。一是覆膜穴播法，即先整地铺膜，选用幅宽为80cm、厚度为0.005~0.007mm的强力超微膜，覆膜时不起垄，平铺地面，膜面60cm，膜间距30cm，膜上种谷子3行，用覆膜穴播机播种，穴距平均11cm，每穴播种5~8粒。播后及时堵膜孔。二是膜际条播法，选用幅宽40cm的微膜，采用覆膜条播机一次完成起垄、覆膜、播种等工序，垄宽30cm，行距30cm，每公顷用种7.5~11.25kg。播后及时整理地膜，杜绝漏压膜，随时检查地膜覆盖情况，防止膜被风吹起。

第四，苗期管理。幼苗3~4片叶时，及时间苗，减少苗间竞争，避免形成高脚弱苗，间苗时要注意拔掉病、小、弱苗，做到等距定苗；5 片叶时及时定苗。覆膜穴播的要隔穴留双苗，单双交错，每公顷留苗约 15 万株，间、定苗结合培土封膜孔。膜际条播的每公顷留苗 45 万~52.5 万株。地膜谷子中耕除草主要指膜间部分，要求中耕 3 遍，第一遍结合间定苗进行，第二遍在谷子拔节时清垄后进行，第三遍在谷子抽穗前进行。根据当地虫情测报，用 40.7% 毒死蜱乳油 1 000~1 500 倍液叶喷，每公顷用药液 750kg，防治谷子钻心虫。视谷子生长情况，在拔节、扬花、灌浆期可叶面喷施 0.2% 磷酸二氢钾和尿素混合液 2~3 次，也可喷施植物动力 2003 的 800~1 000 倍液，施用量为 750~900kg/hm^2，以促籽粒饱满。

（二）主要技术经济指标

不同的覆膜栽培方式对谷子产量的影响极为显著，覆膜穴播谷子产量达 6 388.5 kg/hm^2，比露地条播对照增产 1 194.0kg/hm^2，增产率为 23.0%。膜际条播谷子产量达 5 889.0kg/hm^2，增产 694.5kg/hm^2，增产率为 13.4%，差异亦达极显著水平。覆膜穴播谷子产值达 19 165.5元/hm^2，比对照增收 3 582元/hm^2。膜际条播谷子产值达 17 667元/hm^2，比对照增收 2 083.5元/hm^2。

（三）适用范围

春谷子地膜覆盖栽培技术适用于我国北方半湿润偏旱区的谷子生产。

六、玉米垄覆（膜）沟播栽培技术

（一）技术模式及要点

玉米垄覆（膜）沟播栽培技术模式有以下几个方面的要点。

第一，选地与整地。宜选用地势平坦、土层深厚、土质疏松、肥力中上等、保肥保水能力较强的地块，切忌选用陡坡地、石砾地、沙土地、瘠薄地、洼地、涝地、重盐碱地等地块。一般在前茬作物收获后及时灭茬，深耕翻土，及时起垄镇压，严防跑墒。根据土壤墒情，可提早整地、抢夺地温，实施松、翻、耙结合，翻深 20cm 左右，做到无大土垡块、表土疏松、地面平整，以利于膜下严密，提高保墒保温效果。

第二，起垄与覆膜。根据地力确定起垄的模式，一般垄沟比为 1:1，垄和沟的宽都为 60cm，沟中种植 2 行，行距为 40~50cm，集雨垄的坡度为 30°左右，垄高 10~20cm，起垄后可作永久垄使用，减少耕作对土壤的破坏和人工投入，播种前对垄体进行修整即可使用。覆膜可选用厚度为 0.008mm、幅宽为 70~80cm 的农用薄膜，膜要拉紧，两边压土各 5~10cm 宽，风大地区每隔 1.5m 在膜上压土，风小地区每隔 10m 在膜上压土，防止大风掀膜。覆膜质量直接关系到集水和地膜覆盖的效果，盖膜时要将地膜拉展铺平，使地膜紧贴垄面，地膜两侧、两头都要压紧、压严、压实，使膜面平整无坑洼，膜边紧实无洞。此外，在水肥条件好的地块，垄距可适当增加，但不宜超过 100cm。在水肥条件差的地块，也可采用窄垄单行种植。

第三，品种选择与播种。宜选择比原露地使用品种的生育期长 7~15 天，或所需积温多 150~300℃，叶片数多 1~2 片，株型紧凑适合密植，不早衰，抗逆、抗病性强的品种。当地表 5cm 温度回升到 8~9℃或日均气温达 10~12℃时即可开始整地、抢墒播种。如果土壤墒情差，可以采取坐水穴播，不漏压，不拖堆，穴播 2~3 粒，播深 5~8cm。由于垄覆（膜）沟播模式减少了播种面积，因此运用该技术时可适当加大密度，株距 30cm，每公顷保苗 5.55 万株左右。

第四，施肥。肥料可用农家肥或者化肥。化肥施用本着底肥重磷、追肥重氮的原则进行，既可防止玉米苗期徒长，又能防止后期脱肥，保证玉米后期正常生育。一般每公顷施优质农家肥 75t 左右，或施用化学肥料，每公顷按纯氮 150~180kg、P_2O_5 120~150kg、K_2O 75~15kg 或玉米专用肥 1 200kg，结合整地全田施入或在起垄时集中施入垄沟内。

第五，田间管理。在玉米苗期时，应破土引苗，玉米垄覆（膜）沟播栽培技术在春旱时期需要坐水点种。在墒情好或播种覆土后遇雨时，盖土后都会形成一个板结的蘑菇帽，需及时破碎，避免憋芽，防止玉米苗出土有先有后、参差不齐，影响整齐度，进而影响产量，所以要破土引苗。具体做法是在玉米胚芽鞘破土而出之前，压碎板结。引苗后要及时查苗、补苗，达到合理密度。地膜玉米出苗后 2~3 片叶展开时，即可开始间苗，去掉弱苗。幼苗达到 3~4 片展开叶时，即可定苗，保留健壮、整齐一致的壮苗。壮苗的标准是叶片宽大、根多根深、茎基扁粗、生长敦实、苗色浓绿。地膜玉米生长旺盛，常常产生分蘖，这些分蘖不能形成果穗，只能消耗养分。因此，定苗后至拔节期间，要勤查看，及时将无效分蘖去掉，即人工打杈。同时，当玉米进入大喇叭口期，即10~12片叶时，追施壮秆增穗肥，一般每公顷追施尿素225~300kg。

第六，后期管理及其他。后期管理的重点是防早衰、增粒重、病虫防治。若发现植株发黄等缺肥症状时，追施攻粒肥，一般追施尿素$75kg/hm^2$。发生黏虫的地块用20%氰戊菊酯乳油2 000~3 000倍液喷雾防治，在10~12片叶（大喇叭口期）时用40%辛硫磷乳油拌毒沙防治玉米螟，在玉米抽穗期，用40%乐果乳油或73%炔螨特乳油1 000倍液防治红蜘蛛，玉米大小斑病发生时可加入15%三唑酮可湿性粉剂150~200g。在玉米收获后将残膜全部起净，起膜后垄沟内中耕，防止后期杂草生长并利于接纳雨水。

（二）主要技术经济指标

与平作相比，该技术模式可使土壤温度提高1~2℃，蒸发减少20%左右，土壤水分提高1%~2%，增产效果一般都在10%以上。如遇干旱或特大干旱年份增产效果更为显著。

（三）适用范围

玉米垄覆（膜）沟播种植技术主要适用于受干旱影响较大的我国北方旱区。应选在地势平坦、耕性良好、有一定量底墒、排水良好的地块采用该技术。此外，最好选择在年降水量小于

440mm 的地区，当雨量进一步加大（≥440mm）时，该技术下农田水分利用效率趋于下降。

第四节　西南地膜覆盖主要技术模式

西南地区包括重庆、四川、贵州、云南、广西、湖北、湖南西部。西南地区光、热、水条件好，自然资源多样，优势农作物种类丰富。在该区域主要使用半膜覆盖技术，在高山冷凉、季节性干旱严重的地区使用全膜覆盖技术，地膜主要作用在于早春增温防草。该地区主要覆膜作物为烟草、玉米和小麦等。

一、玉米宽行全膜覆盖栽培技术

（一）技术模式及要点

玉米地膜覆盖栽培具有明显的增温、保墒、改善土壤物理性状、抑制草害等作用，以及促进玉米生长发育与提早成熟等效果，一般增产 20%左右。西南地区玉米宽行全膜覆盖栽培的主要技术要点包括以下几个方面。

第一，良种选择。选用丰产、优质、中晚熟、抗耐主要病害的优良杂交种，山区可选用"川单 14""正红 311"等品种，丘陵地区可选用"成单 30""川单 418"等品种。一般每公顷用种量为 30kg。推荐选购包衣种子，未包衣的种子在播种前必须精选、晒种、药肥拌种。

第二，选地与整地。选择土层较深厚、保水保肥能力较强、肥力中等以上的平地或缓坡地。整地要做到地平土碎，清除杂草。在秋季小麦播种时，规范开厢，实行"双三零""双二五""三五二五"中带种植或"双五零""双六零"宽带种植，预留玉米种植带。

第三，中沟施底肥和底水。玉米播种或移栽前，在玉米窄行正中挖一条深20cm的沟槽，并在沟槽两头筑挡水埂，每公顷施磷肥750kg、尿素157.5kg、原粪15 000kg，兑水7 500kg作底肥和底水全部施于沟内，或者在沟内一次性施入长效缓释肥675~900kg，后期不再追肥。施底肥后及时覆土或起垄，宽60~80cm、高5~10cm，垄面圆头形。选用厚度为0.005~0.008mm、幅宽为80~100cm的普通聚乙烯地膜，用量为75~90kg/hm^2。待降透雨或灌水后用地膜覆盖玉米整个种植行或垄上。铺膜时，要做到膜面平直，前后左右拉紧，使地膜紧贴地面，膜面光洁，采光面达70%左右。膜边用土压实，膜面上每隔2~3m压一段土带，以防大风揭膜。

第四，适期早播。直播应以常年日平均气温稳定高于10℃为适播期，并结合当地种植制度适期早播。育苗移栽可比直播提前7~10天播种。播种方法：可先覆膜后播种，覆膜后使用"定距打孔器"进行定距打孔播种或人工挖窝点播，每穴播2~3粒种子，覆土2~3cm封严播种孔；也可采用先播种后覆膜的播种方式，按行株距挖窝点播或开沟点播后刮平地面覆盖地膜。玉米一般宽窄行种植，宽行距117~150cm，窄行距40~50cm，一般每公顷种植48 000~

60 000 株。

第五，田间管理。及时放苗，适时定苗。早追苗肥，重施穗肥，采用传统肥料作底肥，后期再在拔节和孕穗期分两次追施尿素 105kg/hm² 和 247.5kg/hm²；实行病虫草害统防统治。为防止后期高温造成玉米根系早衰，当日平均气温超过 35℃，或者是施用攻苞肥时都应该及时揭膜。

（二）主要技术经济指标

据多点调查，玉米单产比露地栽培平均增产 13.44%。水分利用效率达到 1.17kg/m³，比露地栽培提高 8.3%，平均集雨节水 300m³/hm²。

（三）适用范围

该技术可在西南丘陵区、高原区及盆周山区应用。

二、玉米窄行覆盖膜侧栽培技术

（一）技术模式及要点

玉米窄行覆盖膜侧栽培能保住土壤水，便于后期补水，还能促进雨水就地入渗，因而可提高降水利用效率；同时促进玉米根系下扎，降低穗位，减轻中后期高温对根系的影响，极大增强玉米抗旱、抗倒能力。玉米窄行覆盖膜侧栽培的技术包括以下几个方面。

第一，待雨盖膜。结合沟施底肥和底水后覆土，起垄底宽 50～60cm、高 5～10cm，垄面呈瓦片形。选用厚度为 0.005～0.008mm、幅宽为 40～50cm 的普通聚乙烯地膜，用量为 37.5～45kg/hm²。待降透雨或灌水后用地膜覆盖于双行玉米窄行或垄上。铺膜时，要做到膜面平直，前后左右拉紧，使地膜紧贴地面，膜面光洁。膜边用土压实，膜面上每隔 2~3m 压一段土带，以防大风揭膜。

第二，膜际栽苗。将符合要求的玉米苗按行株距分级、定向移栽（直播）于盖膜的边际，每垄 2 行玉米。

第三，田间管理。由于玉米生长期季节性的降水与季节性的干旱交替发生，这样也就使玉米根区处于干湿交替状态，促进了根系的发育，也能有效集纳盖膜后降水。同时玉米全生育期内可不揭膜，有利于保持土壤水分。

（二）主要技术经济指标

据调查，玉米膜侧栽培比全膜栽培平均增产 8% 左右，比露地栽培平均增产 18%。水分利用效率达到 1.16kg/m³，比露地栽培提高 7.4%，平均集雨节水 585m³/hm²。玉米窄行覆盖膜侧栽培每公顷比全膜栽培节约地膜和引苗出膜用工成本 825 元，增收约 1 700 元，比露地栽培增收约 1 500 元。据试验示范调查，膜侧栽培比全膜覆盖平均节约地膜 45kg/hm²，减少全膜覆盖引苗出膜工序，并且便于田间操作。

（三）适用范围

该技术可在西南丘陵区土层厚度不低于 40cm 的旱地上应用。

三、小麦地膜覆盖栽培技术

（一）技术模式及要点

季节性干旱致使丘陵旱地小麦长期处于不高产、不稳产的被动局面，小麦地膜覆盖栽培技术具有显著的节水抗旱作用，是西南丘陵旱地小麦高产稳产、抗逆减灾的重要技术措施。覆膜不仅能保持水分，而且改变了水分在土壤中的移动规律，水汽上升至膜下受阻凝聚使土壤表层水分相对稳定和丰富，提高了水分的利用率。同时，地膜覆盖栽培对小麦生长发育有显著的促进作用，植株增高，叶面积扩大，干物质积累增多，个体与群体质量得以显著提高，能有效改善小麦品质（图 2-13）。主要技术要点包括以下几个方面。

图 2-13　西南小麦地膜覆盖栽培模式

第一，良种选择。西南山地丘陵应选用抗旱耐瘠薄、分蘖能力强、高产稳产的中熟品种，如"川麦 107""川麦 42""内麦 8 号"等。

第二，整地与施肥。对不同土壤厚度全膜覆盖效果及效益分析表明，特大干旱年土壤厚度在 80cm 以上，一般干旱年在 60cm 以上，雨水较好年份在 40cm 左右均可发挥覆盖的作用，取得预期产量，增产增收。因此在土壤选择上，应选择通风向阳、耕性良好、土层厚度大于 40cm、肥沃的土壤。耕层太浅、太黏重的土壤不宜。翻耕整细前每公顷施用有机肥 15 000~22 500 kg、纯氮 120~150kg、P_2O_5 75kg、K_2O 45~75kg。其中，氮肥 80%作底肥、20%作提苗肥，磷、钾肥一次性基施。土壤一定要整细，以提高覆膜播种质量。

第三，覆膜与播种。不论采用哪种覆盖方式，底墒充足与否都将直接影响覆盖栽培效果的发挥。因此要强调足墒播种，一是等墒播种，二是集雨补灌播种。选用厚度为 0.006~0.008mm、幅宽为 100cm 或 70cm 的线性膜。覆膜方式包括膜侧种植和全膜覆盖种植。膜侧种植时，将 70cm 的线性膜一分为二，用简易覆膜播种机一次性完成覆膜播种，种子可用种衣剂拌种，播种量为 120~150kg/hm^2，要注意覆膜质量，必要时可人工覆土将地膜压实。全膜覆盖播种可采用两种方式，一是先播种然后全膜覆盖，待种子出苗后破膜引苗；二是施肥灌水后再全膜覆盖，用膜上播种机播种，可减少引苗的工作量。

第四，田间管理。全膜覆盖时要及时引苗。由于覆盖减少了肥料的挥发损失，在小麦生长发育中后期，若苗势过旺应施用矮壮素等化学制剂控苗防倒伏，同时注意病虫草害防治。小麦收获后及时清除残膜。

（二）主要技术经济指标

覆膜可以提高地温 2~3℃，提高耕层含水率 3%~5%，水分利用率提高 10%左右。增产率在一般在 20%以上，干旱年达 30%~40%。

（三）适用范围

西南丘陵旱地、土层厚度大于 40cm 以上的小麦生产区。

四、蔬菜地膜覆盖栽培技术

（一）技术模式及要点

地膜覆盖是蔬菜种植的重要技术措施，它既保温，又保肥、保墒；既能提早蔬菜的收获期，又能增产。其主要技术类型包括以下 3 种。

露地地膜覆盖栽培。露地地膜覆盖栽培是地膜覆盖栽培应用最普遍的形式，一般采用直接盖畦面的做法，盖膜后栽苗；也可先栽苗，后盖膜，将栽植孔膜划破，将苗从栽植孔引出。有的采用"先盖天，后盖地"的方式，即早春为了防止幼苗受冻害，先将地膜直接盖在畦面的拱形支架上，待天气转暖，幼苗稍大后，将地膜直接盖在畦面上。也有的在畦上做成小沟，将苗定植沟内，上盖地膜，待天气回暖，将膜划破，苗即从切口处长出，农民称此为"改良式地膜覆盖栽培"（图 2-14）。

小棚地膜覆盖栽培。在小棚内再覆盖地膜栽培蔬菜比单纯小棚栽培蔬菜早收 5~7 天，并能延长生育期、结果期和蔬菜的供应期，提高产量，又可降低小棚内空气湿度，较大棚成本低。

温室/大棚地膜覆盖栽培。在温室内用地膜覆盖栽培蔬菜，可节约能源，减少灌水次数，降低温室内空气湿度，有利于蔬菜根系发育，为早熟高产打下良好基础。在大棚里再

图2-14 西南露地地膜覆盖栽培模式

进行地膜覆盖栽培蔬菜，可以比大棚栽培提早播种或定植5~7天。幼苗在地膜覆盖下生长快，发育好，果实生长速度快，品质好，可比不覆地膜早收10天左右。大棚内覆盖地膜不仅能增温、保水，有利于作物根系发育，且能降低大棚内空气湿度，减轻或抑制病害发生。据报道，大棚内覆盖地膜可使黄瓜霜霉病晚发生7天左右，病情指数减少20%左右。

蔬菜地膜覆盖栽培要点主要包括以下几个方面。

第一，提高盖膜质量。盖膜质量的好坏，是地膜覆盖栽培成败的关键，盖膜时应将地膜拉伸放平，无褶皱，紧贴畦面，膜的四周用土压紧无缝，以利于保温、保湿。栽苗后，栽植穴用土填充压严。生长前期若发现地膜破损，应立即用土将孔隙遮盖。

第二，整地要精细。盖膜前应深翻碎土，充分捣碎平整土壤。作畦呈瓦背形，畦面充分捣碎用拍板将表土赶平。若土壤过分黏重，畦面不平，可在畦面盖一层沙。

第三，选择适宜的品种，培育壮苗。宜选早熟或早中熟抗病丰产品种。播种期应比不盖膜提早7天左右。冷床或大棚培育茄子、辣椒，播种期为10月下旬至11月上中旬。采用营养钵或营养土块育苗，或在假植营养钵中培育成壮苗。

第四，重施基肥、底水。盖膜前3~4天重施基肥，以有机肥为主，适当控制氮肥，增施磷、钾肥。一般每公顷施腐熟的堆杂肥或粪尿60 000~75 000kg、过磷酸钙450~600kg、钾肥150~225kg，基肥用量占作物施肥总量的60%~70%，不少于50%。盖膜前一天浇足底水，湿透底土。

第五，适时早栽。地膜覆盖栽培的定植期比不覆盖提早7天左右。早春宜在寒潮快过的冷尾暖头，选晴天带土定植。定植孔不宜大，栽植距离比不盖膜略稀，栽后淋定根水，及时用细土盖严定植孔。

第六，控制生长前期肥水，补充中后期肥水。生长前期菜苗小，需水肥少，宜控制水肥。如干旱严重，可适当灌水，切忌漫灌，以免根系缺氧，导致死亡。中后期需水肥多，应补充水肥，否则导致植株早衰，落花落果，影响产量和品质。可用0.3%~0.4%磷酸二氢钾或0.1%~0.2%尿素作根外追肥，或破膜施入水肥。加强病虫防治。严格选地，避免连作，防止土壤病害传播。注意防治虫害，土蚕、蛞蝓（旋巴虫）可用40%辛硫磷乳油1 000倍或2.5%溴氰菊酯乳油 5 000 倍液灌窝；红、白蜘蛛可用 1.8% 阿维菌素乳油 2 000~3 000 倍液和 57% 炔螨特乳油 800 倍液防治，每 7~10 天喷药 1 次，连续喷 2~3 次。

（二）主要技术经济指标

地膜覆盖栽培较未盖膜一般可增产 20%~30%。

（三）适用范围

适用于各种蔬菜春、夏早熟覆盖栽培，尤其是在茄果类、瓜类、豆类、薯芋类、藤菜、菜玉米等蔬菜作物上应用最广泛，可提早成熟，显著提高产量和产值。也适用于西南丘陵地区的白菜、莴笋等冬春栽培，可有效减轻霜霉病，增产效果显著。

五、马铃薯垄作覆膜栽培技术

（一）技术模式及要点

马铃薯垄作覆膜栽培具有增温、保墒、防旱、改善土壤理化性状、促进马铃薯早发快长、提高单产及改善品质的作用。主要技术要点包括以下几个方面。

第一，良种及种块选择。以抗逆性强、增产潜力大、株型紧凑、经济性好的中熟及早熟品种为主。以高海拔、高纬度优质脱毒种薯为好，同时要用无病虫害、种块大小在 40g 以上的整薯作种。

第二，选地与整地。地膜覆盖的马铃薯宜选中上等以上肥力、土层深厚、排透水性的壤土及沙壤土种植。播前应精细整地，达到深、松、细、平；整地前可撒施碳酸氢铵

450kg/hm² 或氮、磷、钾各含 15% 的复合肥 450kg/hm² 作基肥，整地时将肥料与土壤混合均匀后再起厢播种。

第三，合理密植、配施底肥、整薯垄作、喷药盖膜。一般以 80cm 左右开厢，双行，窄行距 30cm 左右，株距 25cm。平丘区一般净作马铃薯 120 000 株/hm² 左右，山区一般净作 67 500 株/hm² 左右。西南地区各地地理及气候情况多变，要根据生育期长短、土地肥力和栽培模式合理密植。85% 以上的肥料应作底肥施用。一般播种时还应窝施有机渣肥 30 000~37 500kg/hm²，土壤较旱时可用 300kg 左右人畜粪水浸窝播种。优质整薯播种后起垄，可先在垄面选用乙草胺等除草剂均匀喷洒后覆膜，盖膜的具体要求是土壤水分要充足，一般表层 5cm 土壤含水量为 15%；膜要平、直、紧贴土表面，然后用泥土把四周压紧、压实，防止空气透入。

第四，田间管理。待种薯出苗时，及时用小刀等工具在出苗处开"十"字口放出幼苗，开口不宜过大，开口放苗后要用细土盖口。加强田间管理，注意防治病虫害，重点是对晚疫病防治，发病初期可用 45% 百菌清可湿性粉剂或 25% 瑞毒霉可湿性粉剂等杀菌剂两个星期左右喷防一次。

（二）主要技术经济指标

一般早春盖膜后能使膜内土温升高 3℃ 左右。覆膜有效地抑制了土壤水分的无效蒸发。盖膜后使一些挥发性肥料不易直接散失，保持土壤养分供给能力；还可减少雨水对土壤的冲刷，减轻土壤流失。同时膜内土温升高，增加有效积温，加快了作物生育进程，一般能提早 10 天左右成熟，马铃薯产量可提高 10% 以上。

（三）适用范围

该技术适用于早春、冬作马铃薯及不保灌水地、年降水量 400mm 以上的旱地马铃薯种植区。

六、水稻覆膜节水栽培技术

（一）技术模式和要点

在西南冷凉、水分供应不稳定的地区，水稻覆膜栽培具有提高土温、保持肥效、节水增产、促进分蘖、增加成穗率、增加微生物的活动、满足根系对营养元素的吸收利用的作用。其主要技术要点如下。

第一，推行旱育秧改水育秧和两段育秧为旱育秧，不仅节水节工，而且确保秧苗早发高产。倡导规范开厢免耕种植，促进水在全田的快速均匀分布，提高灌溉水利用率。

第二，实施精量推荐施肥。在肥料施用上注重控制氮肥用量，科学施用磷、钾肥和锌肥，实行一次性精量推荐施肥，满足水稻全生育期的养分需求。

第三，"大三围"栽培是三角形稀植栽培的俗称，大面积生产上提倡栽培密度为 60 000 蔸/hm² 左右，每蔸以苗间距 12cm 左右栽 3 株苗。

第四，贯彻节水灌溉。以满足不同生育阶段水稻生理用水为原则，贯彻节水灌溉，杜绝生产上普遍存在的大水漫灌和淹水太深造成的水资源浪费。

（二）主要技术经济指标

采用地膜覆盖能有效减少土壤水分的蒸发损失和氮肥中

的氨挥发损失，同时也能提高土壤温度、抑制杂草生长。与传统栽培相比，该技术能节水 70%以上，且减少 10%~15%的氮肥投入。减少用种量，省种量在 50%以上。本技术能错开农忙季节，提前栽秧，且生产用工明显减少。节省栽秧、整地、灌水、除草、追肥等用工 10 人·天以上。在四川盆地，正常降水年景下，该技术能够增产 1 500~2 250kg/hm²，干旱年份可增产 2 250~3 000kg/hm²。

（三）适用范围

水稻覆膜节水抗旱栽培技术适用于西南丘陵、山区无水源保证和灌溉成本高的稻区，也特别适用于冷浸田、烂泥田、荫蔽田。

七、烟草地膜覆盖栽培技术

（一）技术模式和要点

烟草是一种喜温作物，适时移栽是生产优质烟的关键环节。地膜覆盖栽培能够提高地温，促使微生物活动，加速土壤有机质和部分养分的释放，提高肥料利用率，改善土壤养分状况，保持土壤疏松，防止或减少水土流失，促进根系和烟株生长发育，减少病虫害，提高烟草产量，改善烟草品质。主要技术要点包括以下几个方面。

第一，整地。整地质量决定着烟株根系的生长发育，所以整地要精细，地面要平整，土壤细碎、无坷垃、无根茬，以提高盖膜质量。

第二，施肥起垄。在移栽前 20~30 天结合条施基肥起垄，垄底开两条深 5~8cm 的浅沟，并施入 50% 的基肥；在起垄后，距垄下 15cm 处再施入 50% 的基肥。垄高 30cm 左右，垄宽 60~70cm，垄间沟宽 45~50cm，田块过长要起腰沟。

第三，覆膜移栽。覆膜移栽可分为覆膜待栽和膜下移栽两种。一是覆膜待栽。要在天气和土壤墒情良好的情况下进行，移栽时，根据株距在膜上打孔，孔穴直径为 5~6cm，运用漂浮技术培育的壮苗要适当深栽。二是膜下移栽。"膜下烟"是在常规移栽期前 15~20 天，把烟苗移栽在垄顶洞穴中，烟苗完全罩盖在膜下，使烟苗在地膜下生长 15~20 天，然后再引出膜面的栽植方式。

第四，田间管理。包括查苗补苗、水分管理、追肥、揭膜培土、打顶抹杈、病虫害防治等。

（二）主要经济技术指标

地膜覆盖能提高烟草种植效益，经地膜覆盖处理的产量比对照提高了 10%~15%，在产值方面地膜覆盖比对照提高了近 25%。地膜覆盖改善烟草品质，上部烟叶覆膜处理的总糖、还原糖、糖碱比、钾含量高于不覆膜处理，蛋白质含量低于不覆膜处理。中部烟叶覆膜的处理钾含量高于不覆膜处理。这说明地膜覆盖栽培有利于烟叶化学成分的协调，能提高烟叶的品质。地膜覆盖处理的烟叶，其上等烟比例、中上等烟比例、均价分别比对照提高 19.41%、6.80% 和 12.15%。覆膜处理的各项评吸指标均高于不覆膜处理，评吸总分比不覆膜处理高 2.46%~7.73%。

（三）适用范围

该技术适用于高纬度、高海拔等无霜期短、生长期中高温季节历时短，且烟叶成熟的季节之后气温下降过快，不能满足上部叶片充分成熟的要求，需要把生育期提前的烟区。尤其是南方多雨地区，烟稻轮作区（烟稻轮作是我国福建、江西南部、湖南南部、广东、广西烤烟的主要倒茬种植方式）或烟后种麦地区。对于当年两茬作物倒茬的烟田，烟草顶部烟叶充分成熟往往与后茬作物丰产要求的插播期有冲突，地膜覆盖技术能较好地解决这些问题。

第三章　农用地膜污染的影响及成因

第一节　我国农用地膜污染概述

一、农用地膜残留污染现状

国家统计局的数据显示：2015 年，我国地膜覆盖面积达 2.75 亿亩，使用量达 145.5 万 t。而据预测，到 2024 年，我国地膜覆盖面积将达 3.3 亿亩，使用量超过 200 万 t。这意味着我国每年 12% 以上的耕地在使用地膜，在棉花产量占全国 70% 的新疆，所有的棉田都使用地膜，全国 93% 的烤烟田也使用地膜。而且使用地膜的作物种类，正不断从蔬菜向经济作物乃至大宗粮食作物发展。如此大规模的地膜使用有利也有弊，一方面在农业提质增效方面起到了巨大的作用，另一方面也对土壤环境造成严重危害，导致"白色革命"衍生出了"白色污染"这样的负面产物。

普通的聚乙烯地膜是高分子化合物，在自然条件下很难分解或降解。随着使用年限的增加以及残膜回收措施的不力，土壤中残膜积累越来越多，局部地区形成了严重的残留污染，导致了一系列生产和环境问题，如：破坏土壤结构，影响作物生长和农事操作，导致作物减产，增加劳动投入，造成资源浪费。当前我国地膜残留问题突出，根据典型调查，西北黄土旱塬区平均地膜残留 $105kg/hm^2$，严重的地方超过 $225kg/hm^2$。地膜残留破坏了土壤结构，影响水肥运移、作物出苗和生长发育，降低了农作物产量和农产品品质。

有研究结果表明，当土壤中地膜残留量达到每公顷120kg 的时候，小麦、玉米、棉花的产量将分别下降17.8%、13.2%和16%。当前，由于机采棉的不断推广，地膜进入棉花已成为影响棉花品质的一个重要因素，这会导致棉花印染困难，商品率降低。另外，许多作物秸秆都是重要的牲畜饲料，比如花生秸秆就是非常优质的饲料，但近年来，山东、东北部分地区采地膜覆盖技术种植花生以后，使花生秸秆中夹杂地膜的问题十分突出，只要是地膜花生，农民都不敢用其秸秆作饲料。

因为残膜难回收而且劳动强度大，不少农民将残膜直接翻到地下，常年积累下来对土壤和农作物的危害不可小觑。缺乏适用的残膜回收机械也是"白色污染"愈演愈烈的原因之一，其实我国从 20 世纪 80 年代就开始研发残膜回收机械，先后涌现了 100 多种机械，但是能真正达到使用要求的不多。

而在同样大面积使用地膜的欧洲和日本，却不存在"白色污染"问题。除日本和欧洲的法律规定聚乙烯地膜必须按照产业废弃物回收和处理外，其所用地膜多是厚度在0.018～0.03mm的高成本、高强度地膜，容易回收。而我国主要使用的是0.005～0.010mm的超薄地膜，既难以回收，又不可降解。其实，1992年颁布的国家标准规定，地膜的厚度为0.008mm±0.003mm。但在实际的生产和应用中，为了降低成本，0.005mm厚的地膜成了我国市场上的主流产品。2017年10月，新修订的强制性国家标准《聚乙烯吹塑农用地面覆盖薄膜》发布。与1992年版的标准相比，变化主要表现为"三提高一标示"，即提高了地膜厚度、力学性能、耐候性能和在产品合格证上明显位置标示"使用后请回收利用，减少环境污染"字样。特别是明确规定地膜厚度不得小于0.01mm，并规定自2018年5月1日起新国标正式实施后，未达标的地膜不再允许生产和销售。新国标为用好地膜、解决地膜残留问题、减少"白色污染"提供了强有力的技术支撑和法律保障，有利于地膜机播作业和回收再利用。

二、农用地膜残留污染特点

中国地膜残留具有以下3个方面的特点。

1. 农用地膜残留污染相对严重

由于中国人口多、耕地面积有限等导致地膜应用规模大、时间长，同时，地膜应用基数高，农用地膜残留回收率低等。发达国家地膜厚度多为0.015mm以上，而中国地膜平均厚度仅为0.005～0.008mm。较厚地膜的拉伸性能和韧度更高，不易破碎，而薄地膜的拉伸性能和韧度比厚膜低，薄或超薄塑料地膜强度低，易破碎，用后难以回收，造成残留污染情况严重。发达国家可降解地膜的应用比例高，种类丰富，而现阶段中国尚缺乏低成本的可生物降解地膜，大多数可生物降解地膜仍停留在试验阶段。

2. 农田土壤中残留地膜的分布特征

残留在农用地土壤中的地膜主要分布在耕作层，集中分布在 0~10cm 的土壤中，一般要占残留地膜量的 2/3 左右，其余则分布在 10~30cm 的土层中，40cm 以下基本没有分布。土壤中残留地膜的大小和形态多种多样，主要受农事活动和农膜使用方式等多种方式的影响，有片状、卷缩圆筒状和球状等，它们在土壤中呈水平、垂直和倾斜状分布。地膜残片的面积差异较大，山西棉田地膜残片的面积一般在 10~15cm^2，约占地膜残留量的 74%，而在新疆地区长期应用地膜的棉区 34% 的残留地膜小于 5cm^2，华北和东北地区土壤中地膜残片较大，多在 20~50cm^2。

3. 农用地膜残留污染区域差异明显

不同地域，地膜使用量不同，种植方式、回收情况不同，因此地膜的残留特点也不一样。从全国范围看，北方地区的地膜残留量问题相对严重。尤其是北京、天津、新疆、甘肃等地，每公顷农田土壤中残留塑料地膜量在 90~135kg，最严重的甚至达到 270kg/hm^2。

4. 地膜回收率低

一定量的地膜在使用过程中或使用后，可能随着风、水、人、牲畜、耕作工具等动力或载体被带出使用地膜的农

田。如果将基于保护土壤质量、方便耕作、保护环境等目的
而主动拾捡、收集、清理地膜的处置方式定义为回收地膜;
将无主动清理地膜目的,只因风、水动力因素或因人工耕作
被人、工具、牲畜被动带出农田的处置方式定义为不回收地
膜。那么,在不回收地膜的情况下,地膜残留率或残留量要
远大于回收地膜。据研究,不回收地膜条件下当季地膜残留
率是回收条件下的 3 倍以上。因为废旧膜回收费时费力,且
价值低,导致农民收捡农用地膜残留的积极性不高。

三、地膜残留污染的发展态势

未来中国地膜残留污染的发展趋势将呈现以下 3 个方面
特点:第一,历史农用地膜残留问题短期继续存在。长期以
来地膜用量的持续增加,使地膜残留问题在中国许多地区日
益凸显,在个别地区表现得尤为突出,而由于法规不健全、
监管不到位、技术不成熟和成本不划算等方面的原因,将使
农田环境中累积的地膜残片在一段时期内继续存在,农用地
膜残留污染问题依然突出。第二,地膜残留量短期内将持续
增加。由于农用地膜在农业生产中的独特作用,在相当一段
时期内,中国地膜用量将保持稳定增加,而市场不标准农用
地膜的销售、农民生产成本的考量及回收措施的不力等原
因,都将间接或直接地导致地膜在农田土壤中的继续残留和
累积。第三,地膜残留问题将逐步得以解决。尽管当前地膜
残留问题严峻,但庆幸的是该问题已经引起各方重视,并正
在逐步地进行研究和解决。首先是国家已经制定了标准农用

地膜的厚度标准，同时，为了解农用地膜应用与残留现状，于2007开始就农用地膜污染进行了全国普查，并已经开始加大相关科研和治理投入；其次是新型环保农用地膜和地膜回收机具的相关研究不断取得进展，新疆研制的卷膜式棉花苗期农用地膜残留回收机可使农用地膜残留回收率达85%~94%，生产效率也已经达到较高水平；最后是社会各界的广泛关注和农民环保意识的提高，这些都有助于包括地膜在内的农用地膜回收率的提高。

第二节　农用地膜残留的危害

农用地膜大多具有分子量大、性能稳定、自然条件下可长期在土壤中存留等特点。农用地膜残留对农业生产及环境健康都具有极大的副作用，特别是对土壤和农作物生长发育的影响尤为严重。

一、农用地膜残留对土壤的影响

由于地膜不易分解的特性，残留在农田土壤中的地膜对土壤特性会产生一系列的影响，最主要的是农用地膜残留在土壤耕作层和表层将阻碍土壤毛管水和自然水的渗透，影响土壤的吸湿性，从而对农田土壤水分运动产生阻碍，使其移动速度减慢，水分渗透量减少。在模拟试验条件下土壤容重随着地膜残留量的增加呈现逐渐递减的趋势，其造成这些差异的原因主要与残片进入土壤的量及其密度有关。通常聚乙烯地膜密度为 0.93g/cm³ 左右，在土壤中未降解为低分子时，仍以物理形态影响土壤为主，因此，未造成降低土壤容重的现象。但也有不同的研究结果被报道，如研究发现，当农用地膜残留量提高到 225kg/hm² 时，土壤容重增加了18.2%、土壤孔隙度降低 13.8%。残留在土壤中地膜还可能使土壤孔隙度下降，通透性降低，这将在一定程度上破坏农田土壤空气的循环和交换，而更进一步将影响到土壤微生物正常活动，降低土壤肥力水平。在新疆，残留地膜污染十分严重，这还可能导致地下水难以下渗，造成土壤次生盐渍化等。

二、农用地膜残留对农作物的危害

1. 农用地膜残留对农作物的毒害作用

农用地膜在制作过程中会加入增塑剂，这些物质对农作物有毒害作用。如邻苯甲酸-2-异丁酯具有挥发性，可从地膜挥发至空气中。由气孔进入叶肉细胞后，破坏叶绿素并抑制其形成，为害植物生长。酞酸酯类增塑剂对作物的生长有明显影响，这种影响随农作物生长时期和品种不同而异，如白菜叶片显微结构显示酞酸酯类增塑剂导致白菜叶细胞内叶绿素明显减少，进而影响植物的光合作用，导致作物生长缓慢，严重者黄化死亡。

2. 农用地膜残留对农作物生长发育的影响

农用地膜残留的聚集阻碍土壤毛细管水的运移和降水的渗透，对土壤容重、土壤孔隙度、土壤的通气性和透水性都产生不良影响，造成土壤板结，地力下降。由于农用地膜残留破坏了土壤理化性状，必然造成作物根系生长发育困难，阻碍根系串通，影响作物正常吸收水分和养分。作物株间施肥时，如有大块农用地膜残留隔离，会影响肥效，致使产量下降。已有研究结果表明在土壤中地膜残留量达到 $37.5kg/hm^2$ 时，小麦基本苗较对照降低 25%，冬前分蘖数较对照降低 17%，明显表现出出苗慢，出苗率低，根系扎得浅，有些根系由于无法穿透农用地膜残留碎片而弯曲横向发展。农用地膜残留对玉米、茄子、白菜和花生根系的生长也具有明显的抑制作用。有研究者在新疆棉区的模拟试验发现，在棉田土壤中农用地膜残留达到一定数量后，烂种和烂芽率大幅度提高，棉苗侧根比正常减少 4.8～7.6 条，2～3 片真叶期棉苗死亡率提高 1.19%，子叶期棉苗死亡 3.08%，现蕾期推迟 3～5 天，株高降低 6.7～12.9cm。但也有研究结果显示，有些作物生长受农用地膜残留的影响较小，如番茄株高、茎粗、叶数、植株干重在土壤中残留量低于 $360kg/hm^2$ 时受到的影响都不大。

综合这些研究结果可见，农用地膜残留对农作物生长发育的不利影响主要是在播种期及苗期，在作物生长后期的影响明显降低，同时与作物种类也有很大的关系，具有强壮根系的作物受到的影响较小。

马辉模拟研究了农用地膜残留对玉米生长的影响，研究结果显示，农用地膜残留能够影响玉米生长，包括植株高矮、茎粗、根系等。土壤中农用地膜残留量越多，玉米株高、茎粗与对照处理差异越明显，尤其在苗期、拔节和成熟期。同时，叶片作为植物进行光合作用及储存能量的重要组织，是植物生长状态的一个重要指标之一。农田中农用地膜残留对玉米叶面积指数影响较大，当农用地膜残留量达到100kg/hm² 以上，玉米叶面积将显著减少，叶片干物质重也同样如此。

　　根系是植物固定地上部分和吸收水分、养分的重要组织。根系发育直接影响作物对养分和水分的吸收利用和转化，进而影响作物的整体生长情况。土壤中农用地膜残留与根系直接接触，故其对根系的影响相对其他组织更为直接和迅速，所以，研究农用地膜残留对作物根系的影响对于农用地膜残留污染是十分必要的。研究结果显示玉米苗期耕层根系受到农用地膜残留严重影响，农用地膜残留量越大，玉米根系干重越小，在农用地膜残留量达到50kg/hm² 时就能明显反映出来，一类苗数量随着地膜残留量的增加而降低（表3-1）。有研究结果显示，地膜残留导致小麦出苗慢，出苗率低，苗不整齐，缺苗断垄多；幼苗长势弱，苗小而黄；基本苗少，冬前分蘖少；根系扎得浅，生长发育不良，且大部分不能穿透农用地膜残留碎片呈弯曲状横向发展，而且随着农用地膜残留在土壤中数量的增加，其对小麦的生育性状影响逐渐加重。

表 3-1 农田地膜残留对玉米一类苗影响

残膜量（kg/hm²）	一类苗数量（株/hm²）	与对照相比（%）
0	27 795	0
37.5	23 100	−16.9
75.0	18 300	−34.2
150.0	18 195	−34.5
187.5	18 000	−35.2

3. 农用地膜残留对作物产量的影响

大量研究结果显示当土壤中地膜残留量达到一定数量时会影响作物生长环境和自身的生长发育，进而影响到农作物的产量。连续覆膜年限越长，地膜残留量越多，对作物产量的影响就越大。张保民通过控制试验发现当 $2m^2$ 耕地中埋入 $2m^2$、$4m^2$ 和 $8m^2$ 的地膜后，小麦产量分别较对照减少 15.3%，30.8% 和 46.2%。地膜残留对花生的产量有极显著的影响，尤其是对单株结果数影响较大，减产率高达 32.9%。赵素荣研究结果也印证这样的结论，当土壤中农用地膜残留量达到 $75kg/hm^2$ 以上时，当年花生产量减少 10.9%，而第二年如果继续增加地膜残留量，花生产量减产可达到 15.7%。同时，高地膜残留量农田棉花病虫害发生率增高，导致单株铃数减少 0.8~1.0 个，棉花产量降低 7.3%~21.60%。向振今研究结果也显示农用地膜残留对玉米生长具有显著的不利影响，同正常情况相比，随着地膜残留量增加，玉米一类苗比例逐渐递减，当每公顷农用地膜残留达到 187.5kg 时，玉米减产 8.8%，减产幅度达到显著水平。据新疆生产建设兵团130团测定，连续覆膜3~5年的土壤，种小麦产量下降2%~3%，种玉米产量下降10%左右，种棉花产量则下降10%~23%；据黑龙江农垦局环保部门测定，土壤中农用地膜残留含量为58.5kg/hm² 时，可使玉米减产11.0%~23.0%，小麦减产9.0%~16.0%，大豆减产5.5%~9.0%，蔬菜减产14.6%~59.2%。

三、地膜残留的其他副作用

农用地膜残留不仅影响到土壤特性、作物的正常生长和发育，导致农作物产量降低，而且有一系列的其他副作用，比较典型和普遍的有农用地膜残留导致牲畜死亡，农用地膜残留的碎片还会随农作物的秸秆和饲料混在一起，牛羊等家畜误食后，可导致肠胃功能不良，严重时会引起牲畜死亡。如在甘肃梁平地区，一些牛羊由于误食残留在农田的地膜而死亡。由于回收农用地膜残留的局限性，加上处理回收农用地膜残留不彻底，方法欠妥，部分清理出的残膜弃于田边、地头、水渠、林带中，大风刮过后，残膜被吹至田间、树梢，影响农村环境景观，造成"视觉污染"。另外，也有研究结果显示残膜在土壤中不断积累，随着地膜栽培年数的增加，一些地区残膜还可能缠绕在犁头和播种机轮盘和犁齿上妨碍耕作，使地犁得不深，耕地逐年板结。

总之，从农用地膜残留污染对环境和作物产量产生的危害可以看出，部分地区地膜覆盖栽培农田土壤中农用地膜残留量已接近或达到了能使作物减产的临界值。因此，防治农用地膜残留污染已经是一项十分紧迫而又有重要意义的工作。

第三节　农用地膜污染的成因

一、地膜材料的难降解导致累积污染的高风险

地膜都是由高分子聚合物制成的，这些物质具有分子量大、性能稳定、耐化学侵蚀、能缓冲冷热等特性，在自然环境中，它的光分解性和生物分解性均较差，具有不易腐烂、难以消解的性能，因此，残膜可以在很长时间内，以独立的形式存留在土壤中。已有的研究结果显示，自然状态下残留地膜能够在土壤中存留超过100年，加之使用后不能得到及时有效的回收，年复一年，必将造成其在农田土壤中累积污染。

二、地膜质量差、强度不够导致回收难

按照轻工业部颁布实施的《聚乙烯吹塑农用地面覆盖薄膜质量标准》（GB 13735—1992），要求地膜"高强度，低成本，耐老化，易回收"。厚度是衡量地膜质量好坏的一个重要指标，根据1992年国家标准，地膜厚度最小规格为0.008mm，但为减少生产投入，农民更偏爱于薄型化的地膜，$1hm^2$ 地的地膜用量如果用厚度为0.008mm地膜，需要47.5~60.0kg，但如果用0.005mm地膜，则为30.0~

37.5kg，减少一半成本投入。因此，地膜生产厂家为迎合市场需要，大量超薄型地膜（0.005～0.006mm）普遍存在，这种超薄型地膜由于强度不够，在使用一季之后，甚至不到一季就破裂成碎片，造成回收十分困难。2017 年 10 月，国家标准化管理委员会颁布了《聚乙烯吹塑农用地面覆盖薄膜》新国家标准，要求地膜厚度规格不能小于 0.01mm。

原料也是影响地膜质量的一个最重要因素，熔体流动速率（MFR）是衡量原料优劣的重要指标，生产优质地膜应该用 MFR 在 2 以下的地膜专用树脂，但多年来由于缺乏合适的专用树脂母料，中国地膜生产企业一般都用 MFR 为 7 的通用型树脂母料代替地膜专用生产母料，从而导致地膜质量的不稳定。在田间覆盖时，由于地膜强度不够，短期内几乎全部破裂成碎片，这种由于原料不达标甚至比膜厚度不达标对清除农用地膜残留影响还要严重。

三、地膜残留回收意识不强，技术落后，再利用效益低

农用地膜残留污染与治理是认识问题、技术问题以及社会经济问题共同决定的结果，由于农用地膜残留污染的危害是一个长期和渐进的过程，在农用地膜残留量较小的情况下，并不会对农作物生长发育造成严重的影响，同时，由于回收的经济效益十分低下，难以调动起农民的积极性。因此，在许多地方，人们对农用地膜残留危害认识普遍不够，对于农用地膜残留清理回收不重视，回收意识还很淡薄。在河北邯郸和新疆石河子的调查发现，由于农用地膜残留污染

以及危害程度不同，农民对回收的认识和态度也各异。在河北省邯郸地区，68%的农户觉得非常有必要对残膜进行回收，25%的农户觉得无所谓，6%的农户觉得没有必要对地膜进行清理和回收。在新疆地区有94%的农户认为很有必要，仅有6%的农户认为无所谓。

农用地膜残留回收技术在中国目前还处于比较低的水平，大部分农区农用地膜残留回收仍以人工捡拾为主，这种回收方式不但效率低，而且捡拾的效果不好，只能捡拾表面的大块残膜，比较小的碎片以及混在土壤中的残膜无法从土壤中清除。根据何文清调查结果，在河北成安，农用地膜残留回收基本上以人工捡拾的方式，回收后集中在田间与秸秆混合焚烧，有一部分收集后在田间地头堆置或填埋，这种处理方式很容易造成残膜的二次污染。近些年来，随着农业机械化水平的提高，部分农用地膜残留污染严重的地区开始研制农用地膜残留回收机械，并在小范围开始示范使用，但由于作业成本比较高，回收残膜经济效益很低，所以，并没有得到大面积的推广和应用。农用地膜残留回收效果不佳的另一个重要原因就是回收经济效益很低，农民应用地膜更注重的是经济效益，要清除 $1hm^2$ 地农用地膜残留，至少要 $15 \sim 30$ 个人·日，而 $1hm^2$ 地的残膜也就 $15 \sim 30kg$，每千克的回收价格 1 元左右，而且不是所有地方都有残膜回收点，这种投入产出的低效益，导致农民和企业都没有参与的积极性。

四、可降解地膜工艺不成熟，难以大面积推广

由于不同作物对降解地膜的宽度、延展性以及裂解起始

期、裂解速率、降解率产品特性等需求差异较大，导致可降解地膜材料与农艺生产的配套性差。如降解地膜材料本身延展性与播种机械不能配套，地膜粘连在打孔器上被拉伸，致使种子不能进入孔洞中而播在膜面上，造成约30%的播种失败。

同一降解地膜在不同气候条件下，裂解的起始期不同，使地膜增温保墒的效应存在地区差异。在使用过程中存在的问题，也制约了降解地膜的大面积推广，短期内还不能全部替代普通地膜。

五、生产管理体系混乱，缺乏严格的监管机制

据不完全统计，我国拥有大小规模不等的地膜生产企业约800家，年生产能力3 000t以下的小型企业约600家，由于产业政策、价格体系和供求关系等方面的原因，采用的农用树脂品牌多、乱、杂，货源不稳定，地膜产品质量不高，严重影响了地膜的使用和回收。

国家对农田地膜污染治理也缺乏相应的法律法规来监督和约束，农民仅将地表残膜简单回收一下，有的则直接就翻到土壤中。地膜回收点设置不足，农民捡拾的残膜也不能得到有效回收，基本都是焚烧或在田间地头堆置，往往造成二次污染。

第四章　农用地膜污染防治途径

第一节　农用地膜污染综合防治对策

农用地膜残留污染的防治是一项环节多、难度大、历时长、情况复杂、涉及面广的系统工程，需要抓农用地膜生产、销售、使用、回收、再利用等多个环节，实施全产业链组织管理战略，综合运用补贴、税收、处罚等政策工具，形成政府、科研院所、企业、农民、社会组织共同参与、有效互动、良性发展的农用地膜残留污染防治体系。

一、加强组织领导

由于农用地膜在农业生产中的独特作用，过去几十年农用地膜使用量及覆盖面积一直呈现大幅度上升态势，并且在今后相当一段时期内，我国地膜用量将继续保持稳定增加。农用地膜残留污染问题若不及时有效防治，将严重影响我国可持续发展能力和农业综合生产能力，对国家粮食安全形成极大威胁。各级政府必须从保障国家粮食安全的战略高度，对农用地膜残留污染防治问题给予高度重视，把农用地膜残留清理回收工作纳入政府行为。领导重视是有效开展农用地膜残留污染防治工作的基础和保障。例如，新疆哈密伊吾县委政府组织全民开展"白色污染"清理整治，取得了良好效果。

回收残膜如何处理是制约残膜回收的主要问题，是农用地膜残留污染治理的瓶颈，"回收、再利用"环节是农用地膜残留污染防治的重点环节。必须针对残膜"回收、再利用"环节，着重加强政府机构建设，强化组织措施，形成行之有效的残膜回收加工再利用体系。目前，我国农业部门的能源站、资环站只在一些省级政府有所保留，县市一级的相关职能多并入农技推广部门，没有专门机构和人员负责，严重影响了残膜回收整治工作的开展。建议在新疆、山东等农用地膜残留污染相对严重的地区，各县市农业行政主管单位成立农用地膜残留回收治理办公室，给予独立编制，划拨专项资金；农用地膜残留污染相对较轻的地区，在省能源站、资环站成立农用地膜残留回收治理办公室，各县市农业行政主管单位根据需要划拨专人负责。

二、完善法律法规

由于农用地膜从原料供应到回收再利用，涉及化工、农业、工商等多个部门，而我国尚未出台对其进行全方位综合监管的法律法规。现行的一些行业标准也过于老旧，生产厂家采用的标准也不统一，给行业监管和农民选择产品都带来很大的困难。例如，在生产环节，为确保市场份额，一些农用地膜厂家不断压低价格，选购价格便宜的树脂，降低防老化剂的用量，对农用地膜的厚度一降再降。因此，国家应制定相应的政策法规，规定农用地膜生产标准和农用地膜残留标准。如农用地膜生产规格标准、农用地膜收购验收细则、农用地膜回收利用管理办法等，对农用地膜的生产使用和膜的残留量要有明确规定，使残膜防治有法可依。制定残膜残留量超标整治措施，统一并完善地膜生产、残留量标准，规范产品质量，将残膜污染防治工作纳入法制管理轨道。

三、加强监督管理

针对农用地膜残留污染产业链各个环节，以政府某一个或几个部门为主导、各部门共同参与、明确分工，以补贴、执法、技术推广等为手段，形成合力管理机制。以下提出分工方式以供借鉴（图4-1）。

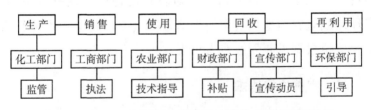

图4-1 针对农用地膜残留污染产业链管理政府部门分工

同时，还应建立必要的规章制度，强化制度管理。地膜质量是影响地膜回收的重要因素，只有从生产、销售的源头环节保证地膜质量，才能实现有效回收。

在生产环节要加强对企业的监管力度。按照国家轻工业部颁布实施的新《聚乙烯吹塑农用地面覆盖薄膜质量标准》农用地膜厚度要求规格不能小于0.01mm。地膜质量不达标，易老化破碎，回收十分困难。因此，在生产环节，应选择性扶持地膜生产企业，对符合国家标准、产品质量信誉好的地膜生产厂家给予补贴；开展全国农资合作社专用地膜目录招标，设定定点供应商；规范原料供应，加强专用树脂母料的生产和研发，解决母料不足问题。

在销售流通环节要严防不合格农用地膜产品进入市场销售。农业、工商、质检等部门形成合力，严查各农资市场和农资销售网点，严抓质检过程，利用行政、经济处罚等手段对不符合国家标准的地膜销售行为进行严惩，提高违规成本；补贴购买达标农用地膜的农资合作社；各地方可视市场违规程度、因地制宜地采取政策干预工具，如实行押金退还制度，销售厂家需事先交付一定保证金给政府，地膜使用回收季节结束后，政府对质量过关的厂家给予押金返还。在强制性标准方面，根据当前环保要求和市场情况，对旧的标准进行修订，制定符合当今实际的国家标准，推动农用地膜残留污染防治工作走上法制轨道（图4-2）。

四、强化科技支撑

从农用地膜的生产、使用、回收环节入手，有针对性、有重点地加强核心科技研发与推广（图4-3）。

加快可降解地膜的研发进程。目前，我国使用的农用地

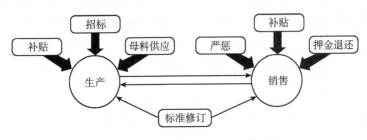

图 4-2　农用地膜生产销售监管流程

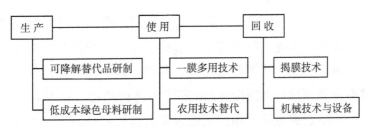

图 4-3　产业链各环节核心技术

膜基本上都是聚乙烯农用地膜，化学性质稳定，不易分解，易造成土壤物理污染。因此，要鼓励科研部门研究开发无污染、少污染的新材料，并改进光降解聚乙烯农用地膜、生物降解聚乙烯农用地膜、植物纤维农用地膜、几丁质农用地膜及其他生物农用地膜的产品性能，解决产品成本过高、降解不完全、力学性能和耐水性较差等问题，以替代传统聚乙烯农用地膜。

积极研究和推广降低地膜覆盖率的耕种技术。例如，通过轮作倒茬措施，减少地膜单位面积平均覆盖率，进而减轻废旧地膜污染危害；大力推广适期揭膜技术，缩短覆膜时间，提高回收率；积极完善推广一膜多用技术，即选用厚度适中、韧性好、抗老化能力强的地膜产品，在第一年使用后基本没有破损，第二年可以直接在上面打孔免耕播种，这样既减少了地膜投入量，又减少了土壤耕作的用工，达到省时省工又环保的目的。

鼓励地膜回收再利用技术和设备的研发。随着地膜使用范围的扩大，手工回收残膜变得越来越困难，机械回收残膜已经成为必然趋势。目前，国内残膜回收主要分为两大类，苗期残膜回收机和收获后残膜回收机，研制出的机型有十几种，其中，一些机型已经比较成熟，但由于额外增加作业成本，并未得到大面积的应用。今后应重点攻关研制常规农事操作与残膜回收能够同时兼顾的农机具及其配套技术措施，在不增加作业成本和农民负担的前提下，实现地膜的高效回收。另外，还应组织有关技术部门进行以废膜利用为目的的技术开发，研制再生产品，如防渗膜、生活用品、民用建筑材料等。

五、配套经济政策

在生产环节，除了对农用地膜生产企业强化监管，提高产品质量标准之外，还应充分考虑到生产企业在生产成本方面的压力，通过经济补偿政策，鼓励企业生产符合标准、易于回收的优质地膜。同时，对于研发和生产可降解地膜、地膜回收设备等企业和科研机构，应该予以财政补贴、减免税收、加快立项等方面的支持。另外，地膜回收机械设备也应纳入农机补贴的范畴。

在回收再利用环节，构建由政府、农民、企业、社会组织共同参与的"四位一体"农用地膜残留回收利用体系（图4-4）。

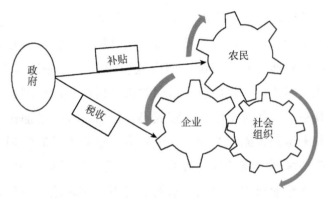

图4-4 "四位一体"农用地膜残留回收利用
体系主体关系

农用地膜残留的回收和再利用对社会具有极大的正外部效应，但由于个体效益与社会效益不一致，单靠市场机制作用无法实现，政府必须利用补贴、税收等经济手段加以干预。同时，政府应做好公共服务工作，如收获时节前后，在靠近交通要道且附近地膜覆盖量较多的地点，设立临时残膜收集站、残膜回收场，由专人负责采购、运输；结合新农村建设，建立乡村物业管理站，建设田间垃圾收集设施，对废旧农用地膜进行定点堆放、定期处理等。

农民是残膜使用和回收的主体。回收利润大小是影响农民回收和交售废旧地膜积极性的决定因素，要实现残膜回收，必须加大补贴力度，建议设立残膜回收补贴专项资金。以下 4 种补贴方式可供选用或综合使用：直接对回收率大的农户发放补贴；对回收率大的农户发放优惠券，在购买新标准农用地膜或农资用品时给予优惠；设定相对市场较高的回收价格，对回收企业进行差价补贴；开展残膜以旧换新，对指定农资销售点或企业进行差价补贴等。2017 年新疆和甘肃对于农膜回收补贴做出了表率。如新疆乌苏市对 0.01mm 地膜推广和回收补贴标准为每亩地 20 元。每 5kg 地膜折 1 亩地。凡是采购使用 0.01mm 项目专用地膜，并且足额回收上缴废旧地膜的农户，均纳入补贴范围，由乌苏市财政进行一卡通补助。新疆博乐市要求人工回收每亩至少回收 4kg，每千克补贴 3 元；机械回收每亩补贴 6.5 元。甘肃省市县三级财政补贴地膜使用，在旱地每亩地使用 6kg 地膜，约 70 元钱，财政补贴六成，农民只出 28 元。第二年给予购买目标，以 2：1 的比例以回收的旧膜换新膜。

企业是残膜收购和再利用的主体，也是实现农民回收残膜利润、促进回收开展的主体。要根据当地使用农用地膜的状况和用量大小，引导和扶持建立废旧农用地膜回收加工企业，在乡镇建立废旧农用地膜回收站（点）。对新建和扩建的废膜收购站点或加工厂，可实行三年内免征营业税和所得税等政策，在供电、供水、用地、办理营业执照等方面提供方便。对拟建、扩建或已建成的残膜回收再生企业，可减免部分税收并在绿色信贷及环境影响评价方面给予优惠或放宽条件，在技术创新、设施引进及产品销售方面给予指导。

社会组织是残膜回收利用体系持续良性运转的催化剂。行业协会及社会组织是市场与农户之间的沟通平台，在自我约束、管理的同时互相监督、制约，能在一定程度上纠正"契约失灵"和"市场失灵"，规范并管理行业行为，最终实现农用地膜行业的自治、善治。为防止"搭便车"现象，推行生产者责任延伸制度，通过行业组织实现行业内部的自我监督与管理。调动农用地膜行业协会的积极性，放权于农用地膜行业协会与社会组织，嘉奖其为减少农用地膜污染所作的贡献。

六、加强培训推广

各级政府要坚持"以宣传教育为先导，以强化管理为核心，以回收利用为主要手段"的原则，把组织农民群众治理废旧地膜污染作为政府行为和职责。一方面要加强宣传和正确引导，积极利用广播、电视、网络、手机、横幅标语、专题讲解等各种形式，广泛宣传残膜对农作物和环境的危害，提高各级领导和农民群众对地膜污染危害的长远性、严重性、恢复困难性的认识。另一方面要加强防治地膜污染的新技术、新设备、新材料的宣传推广工作，对基层农业干部、农技推广人员和农户，进行深入系统的培训，使农民在生产过程中能够熟练掌握一膜多用、适期揭膜、机械回收等技术。

第二节 农用地膜污染防治的农艺技术

一、一膜多用技术

一膜多用技术，即选用厚度适中，韧性好，抗老化能力强的地膜产品，在第一年使用后基本没有破损，第二年可以直接在上面打孔免耕播种，这样既减少了地膜投入量，又减少了土壤耕作的用工，达到省时省工又环保的目的。在西北海拔2 000m的浅水灌溉地和年降水量400mm以上干旱、半干旱雨养农业区。播种一般采用先铺膜后播种的方式。在铺膜后10天左右，到4月中旬耕层地温升高，提墒后按种植规格和密度要求打孔点播，每孔点播2粒种子，随即用草木灰或细绵沙封孔口。一般先从地边起种两行，行距40cm，隔80cm再种两行，依次类推至全田种完。在打孔时，打孔器将地面下压，在膜面上形成深5cm左右集水沟，充分接纳降水径流，有利出苗。玉米苞叶干黄松散，雌穗自然下垂时收获，注意保护好地膜，下一个生长季再用。上年收获后，及时将玉米秸秆砍倒覆盖在地膜上，不要划破地膜。有灌溉条件的可灌足冬水，并注意冬季不要让牲畜吃秸秆而损坏地膜。播前一周将秸秆外运，扫净残留茎叶，用土封好地膜破损处。4月中旬与上年播种行和株距错开10cm，打孔点播。灌水施肥是"一膜两年用"栽培取得高产的重要措施。施肥最佳时期应为拔节期和大喇叭口期。磷肥在前期一次性施入；氮钾肥前期占施肥量 2/3，大喇叭口期占 1/3。灌溉地在苗期轻灌一次苗水，并随水追施；大喇叭口期重灌一次水，再随水追施。旱地在拔节期用追肥枪或打孔追肥，大喇叭口期结合降水再酌情追一次速效氮肥。玉米苞叶干黄松散，雌穗自然下垂后收获，及时清除秸秆，拾净废膜，打糖整地。

二、地膜减量技术

在保证不影响作物生长的前提下，适当减少地膜的田间覆盖度，如中国地膜推广初期，田间的理论覆盖度是 80% ~ 100%，但通过试验，发现一些地区的某些作物地膜覆盖度可降低到 50% ~ 70%，且增产效果不减。从而达到少用地膜，少污染的目的。还可通过作物轮作倒茬以及农作制度的改变，减少地膜总的覆盖量。如华北地区通过粮棉、菜棉轮作倒茬减少地膜单位面积平均覆盖率，进而减轻农用地膜残留污染危害。

三、适期揭膜技术

适期揭膜技术是指把作物收获后揭膜改变为收获前揭膜，筛选作物的最佳揭膜期。具体的揭膜时间最好选定为雨后初晴或早晨土壤湿润时揭膜。适期揭膜有以下几个优点。第一，适期揭膜技术可缩短覆膜时间 60 ~ 90 天，所以地膜仍保持较好的韧性，容易回收，一般回收率达到 95% 以上，基本上能消除农田土壤的农用地膜残留污染，保护农田生态环境。第二，适期揭膜技术能够降低田间湿度，有利于抑制作物的病害，可减轻玉米纹枯病。第三，适期揭膜技术有利于作物根系发育和加强土壤的透气性。第四，适期揭膜一般是在作物的生殖生长期前或生殖生长期间进行，这时作物需要大量的水分，此时揭膜有利于根系对水分的直接接收，有利于作物的生长。第五，适期揭膜有利于作物后期田间管理，便于中耕除草，便于中后期作物追肥和雍蔸培土防倒伏。总之适期揭膜技术不但能提高地膜回收率，节省回收地膜用工，而且还能使作物增产。因此，要大力推广适期揭膜技术，促进农业生产的发展。

四、开发应用优质农膜

农膜的强度和耐老化性主要与树脂性能、农膜厚度以及是否加入抗氧化剂等老化助剂有关。田间试验表明，农膜树脂耐老化性能由高到低的顺序为：线性低密度聚乙烯、低密度聚乙烯、高密度聚乙烯。因此，要提高现有基础树脂的质量，必须开发生产农膜专用材料和耐老化助剂。另外，目前我国生产的普通地膜大多为 0.008mm 左右的超薄膜。这种地膜因厚度太薄，机械铺膜时非常容易破损，又由于强度较差，给回收带来很大的难度。根据试验，如果将地膜厚度增加到 0.012mm，容易在地膜中加入耐老化添加剂，这种耐老化膜不仅寿命长，而且增温、保墒效果好，更重要的是可以回收干净。因此，在新型降解膜没有大量推广时，适当增加

普通地膜厚度，是消除残膜污染的途径。

五、推广使用可降解地膜

为了防治残膜污染，我国已研制成功一些新型降解农膜，如生物降解膜、光降解膜和双降解膜。生物降解膜是利用土壤微生物的新陈代谢过程中产生的生物物理和化学作用来分解的一类薄膜。目前有淀粉塑料地膜和草纤维地膜。前者成本较高，后者具有很好的发展前途，但目前还没有形成大规模的批量生产。光降解膜可在阳光紫外线的作用下，经过一段时间后裂解成碎片，从而消除污染。试验表明，光降解膜具有和普通地膜相近的增产效果，但开始裂解的时间还不能满足农艺要求，此外，压在土壤下面的边膜不能光降解。双降解膜是先经历光降解过程裂解成碎片，然后再由微生物进一步降解。目前，双降解膜存在的主要问题是降解时间的可控性还达不到农艺要求。降解膜虽然是发展方向，但目前作为地膜大面积推广应用，技术尚不够成熟。因此，普通地膜的使用回收仍然是一个重要的研究课题。

第三节　残膜回收利用技术

一、人工清除残膜

目前，人工清除残膜是一项解决大田残膜的有效途径。但实践证明，人工清除残膜劳动强度大、效率低，有效回收率低，易造成残膜的累积污染。由于超薄膜强度较低，光照、水土和机械作用使用过的地膜老化破损严重，而且有一部分埋在土里，很难完整回收。

二、机械回收残膜

机械回收残膜可以克服人工捡拾的弊端，是残膜回收的有效方法。

1. 国外机械回收残膜情况

在欧美和日本等发达国家，地膜覆盖一般用于蔬菜、水果等经济作物，覆盖期相对较短。这些国家使用的地膜较厚，一般为0.015mm，主要采用收卷式回收机进行卷收。我国使用的地膜很薄，厚度一般为0.006~0.008mm，强度小，覆盖期长，清除时易碎和不易回收，收卷式地膜回收机具难以适应我国实际情况。根据我国地膜残留污染的特殊性，现已开发出了滚筒式、弹齿式、齿链式、滚轮缠绕式和气力式等残膜回收机具。

机械回收是国外残膜回收的主要技术途径。英国和苏联采用悬挂式收膜，工作时松土铲将压膜土耕松，然后将薄膜收卷到羊皮网或金属网上，收下的薄膜洗净后卷好以备再次使用。日本对残膜的回收处理相对好一些，主要原因一是日本覆盖地膜的土壤主要是火山灰土，土壤疏松不易损膜；二是地膜较厚、强度大、覆盖期相对较短，清除时可保持较完整，在回收时缠绕扎在地膜两边的绳索，将地膜收起。法国的一些地区采用地膜铲将压在地膜两侧的泥土刮除，随后起出残膜。在地头由人工将膜提起并缠在卷膜筒上，随着机组的前进，地轮带动卷膜筒旋转，连续不断地将地膜缠在卷膜筒上，完成残膜的回收过程。总体来看，在欧美和日本等发达国家，地膜覆盖一般用于蔬菜、水果等经济作物，覆盖期相对较短。为了便于回收，这些国家使用的地膜较厚，一般为 0.020~0.050mm，可连续用 2~3 年，主要采用收卷式回收机进行卷收。

2. 我国机械回收残膜情况

我国情况与国外情况不同。我国使用的农用地膜很薄，厚度为 0.006~0.008mm，强度小，覆盖期相对较长，清除时易碎，不易回收。采用国外收卷式地膜回收机回收地膜难以适应中国国情。从 1982 年开始，我国农机科研工作者就对收膜机进行了长期的探索和研究。开展过此项研究工作的单位有中国农业机械化科学研究院、中国农业大学、东北农业大学、西北农林科技大学以及新疆农业科学院农机化所、新疆生产建设兵团等十几家单位，经过 20 多年的不懈努力，我国已取得残膜回收机械的相关专利技术 60 多项，开发出了滚筒式、弹齿式、齿链式、滚轮缠绕式、气力式等多种形式的残膜回收机。其中，滚筒式残膜回收机的研究较为集中，其滚筒有伸缩扒杆捡拾滚筒、弧形挑膜齿捡拾滚筒、弹齿滚筒、夹持式捡拾滚筒、梳齿转筒等多种结构形式。据不完全统计，我国研制的残膜回收机机型达 100 余种，有单项作业和联合作业两种作业形式。

3. 残膜回收机械

按照农艺要求和残膜回收时间，残膜回收机械可分为苗期揭膜机械、秋后回收机械和播前回收机械 3 类。这 3 类残膜回收机械的使用或者辅以人工捡拾，可以大大提高残膜回收率。

（1）苗期揭膜机械。苗期残膜回收机是在棉花、玉米等作物浇头水之前揭去全部地膜，此时揭膜有利于中耕、除草、施肥和灌水。苗期揭膜时地膜老化较轻，一般采用人机结合的方式，机具要求必须对准行，不伤苗。其代表机型有新疆兵团农机推广站和新疆生产建设兵团农八师 134 团研制的 CSM-130B 型齿链式悬挂收膜机、新疆农业科学院农机化研究所研制的 MSM-3 型苗期残膜回收机，以及东北农业大学研制的 MS-2 型玉米苗期收膜机等。但是，苗期收膜机作业后需要及时灌水，以防止因水分的蒸发而造成干旱，对水情要求较高，只适用于水源较充足地区的部分作物。而我国大部分地膜覆盖种植区干旱少雨，近年来又推广应用膜下滴灌等节水灌溉技术，因此在推广应用上受到了很大制约，目前已不是研究重点。

（2）秋后回收机械。秋后残膜回收机是目前的研究热点，它是在作物收获后、犁地前回收地膜，收膜对象主要是当年铺设的地膜。此时地膜处于地表，相对比较完整。在苗期揭膜受到制约的情况下，秋后是回收残膜的最佳时机。由于秋后作业时间短，为了提高作业效率，减少秸秆对收膜的影响，该类机型一般与秸秆粉碎还田机联合作业。其收膜工艺一般是先将农作物秸秆粉碎后抛撒到机具的侧方或者后方，为后续收膜工序创造一个相对干净的工作面，然后进行膜边松土、起膜铲将地表残膜铲起、挑膜齿挑起残膜，最后脱（卸）膜机构将被挑起的残膜卸下并送入集膜部件。其中，挑膜、卸膜和集膜是影响收膜效果的核心机构。其代表机型有新疆农垦科学院农机研究所研制的 4SJ-1.6 残膜回收与茎秆粉碎联合作业机和新疆农业科学院农机化研究所研制的 4JSM-1800 棉秸秆粉碎还田与残膜回收联合作业机。

（3）播前回收机械。播前残膜回收机是在农作物播种前回收地膜，此时作物秸秆已经腐烂，地里杂物较少，但地膜老化严重，多以块状形式存在于土壤中，所以回收比较困难，回收率十分有限。目前已研制出的代表机具有弹齿式搂膜机等，弹齿入土深度 3~5cm，将地表残膜搂成条，由人工清膜，这种机具只能收集大块的残膜，而对小块的碎膜无能为力。

三、残膜回收利用技术

残留地膜利用技术也是解决地膜污染的一种比较有效的方法。废旧农膜回收利用符合循环经济活动"资源—产品—再生资源"的反馈式流程，是塑料产业中资源循环利用的重要组成部分，废旧农膜作为一种宝贵的再生资源，如不加以有效的回收利用，不但造成资源的极大浪费，而且传统的焚烧、填埋、废弃等处置方式也对环境造成污染，对我国农业的可持续发展构成威胁。因此，遵循循环理念，应采取有效措施加大废旧农膜的回收力度，变废为宝，化害为利。地膜回收具体利用措施主要有：再生塑料的原料、利用塑料废渣铺路面、再生塑料和木粉、燃料的提取材料几种方式。

1. 再生塑料的原料利用

一是将回收来的残膜通过晾晒、粉碎、漂洗、甩干、挤出、切粒，加工成其他塑料制品的原料，因依旧保持着塑料原料的化学特性和良好的综合材料性能，可满足吹膜、拉丝、拉管、注塑、挤出型材等技术要求，用于加工各种膜、管等制品。利用回收的薄膜生产环境友好型填充母料。塑料填充改性母料自20世纪80年代初投入市场以来，由于其价格低廉，产品性能优异，可改善塑料制品的某些物理特性，替代合成树脂，且生产工艺简单、投资较小、具有显著的经济效益和社会效益。因而，塑料填充改性母料是近年来发展最快的塑料工业中的新行业，已成为塑料加工工业的重要部分和塑料制品的主要添加材料之一。

利用回收的薄膜生产环境友好型填充母料，生产工艺简单、投资较小，是地膜回收利用中比较好的一种方式。

2. 利用塑料废渣铺路面

在法国，人们把聚氯乙烯废渣渗入芳香碳烃化合物沥青内而使它变成一种廉价的黏合剂，可用在混凝土路面上，特别可在交通量大的道路上使用。研究人员说，在进行热处理后，聚乙烯能将铺路的石子包裹住，从而与煤焦油有效地黏合在一起，这样铺出的路浸水后不易出现裂缝。据介绍，工程人员将把那些塑料垃圾用粉碎机打成非常小的粉末，然后再将其和沥青混合。这种新型路面材料雨水不容易积存，而且出现破损后修补也非常方便，这样就延长了路面的使用时间。目前印度在班加罗尔就有一条大约 1km 的"塑料路面"。

世博会也曾在临时展区尝试应用再生板材铺路面：一块 14.5cm 宽的赭红色板材，初看和上好的天然木地板一样细腻柔和，但细瞧却发现它的颜色和造型像塑料一样多变，这是一种叫作再生板材的环保材料。在日本的爱知世博会上，主办方也大量应用了这种再生板材。

3. 再生塑料和木粉的利用

上海郊区普遍应用的塑料地膜，就是再生塑料的良好原料。随着今后地膜用量的增加，如果能及时回收，可以大大减少地膜残留对土壤和环境的污染。用再生塑料和木粉制成的再生板材，不仅有良好的木质感，而且有很多胜过木材的优点：耐湿耐高温，不怕发霉和虫蛀，不会因为太阳暴晒而开裂变形，维修成本也很低。在国外，再生板材因其性能优越而被大量应用。而它最可取之处是 100% 可回收再利用。理论上来说，这种板材可以无数次地循环使用，粉碎后可以重新制成不同尺寸、颜色、造型的产品。

4. 燃料的提取材料

燃料的提取材料是将回收来的残膜通过风选、清洗、破碎、打包或造粒，然后通过高温催化裂解等技术处理，从中获取汽油、柴油等可用燃料，不仅使环境得到保护，而且做到资源再生。

附　　录

附录1　农业部关于印刷发《农膜回收行动方案》的通知

为贯彻中央农村工作会议、中央1号文件和全国农业工作会议精神，加快推进农业绿色发展，围绕"一控两减三基本"目标，加强农膜污染治理，提高废旧农膜资源化利用水平，我部制定了《农膜回收行动方案》，现印发给你们。请结合本地实际，强化责任落实，确保取得实效。

农业部

2017年5月16日

农膜回收行动方案

为加快推进农膜回收利用，防治农膜残留污染，提高废旧农膜资源化利用水平，推动农业绿色发展，制定本方案。

一、开展农膜回收行动的必要性

随着农膜用量和使用年限的不断增加，在局部地区造成"白色污染"，成为农业绿色发展面临的突出问题。推进农膜回收行动，十分紧迫和重要。

（一）生态环境保护的需要。2015年，我国农膜用总量达260多万吨，其中地膜用量为145万吨，全国农膜回收利用率不足2/3。残膜弃于田间地头，被风吹至房前屋后、田野树梢，影响村容村貌。推进农膜回收，生产再生塑料制品，变废为宝，有利于资源节约，改善农村人居环境。

（二）耕地资源保护的需要。近年来，覆膜农田土壤均有不同程度的地膜残留，局部地区亩均残膜量达4~20公斤。残留地膜破坏了土壤结构，影响作物出苗，阻碍根系生长，导致农作物减产。推进农膜回收，有利于防治农田土壤残膜污染，保护宝贵的耕地资源。

（三）农业提质增效的需要。地膜残留降低播种质量，阻止农作物根系生长，影响水分和养分吸收。棉花中混入残膜，导致商品性变差，效益下降。推进农膜回收，有利于提升产品品质，提高农业生产效益。

二、总体思路、基本原则和行动目标

（一）总体思路

贯彻落实绿色发展理念，以西北为重点区域，以棉花、玉米、马铃薯为重点作物，以加厚地膜应用、机械化捡拾、专业化回收、资源化利用为主攻方向，完善扶持政策，加强试点示范，强化科技支撑，创新回收机制，推进农膜回收，提升废旧农膜资源化利用水平，防控"白色污染"，促进农业绿色发展。

（二）基本原则

一是因地制宜，分区治理。根据不同地区自然条件、资源禀赋和地膜使用特点，分区域、分作物推广地膜残留污染治理措施。

二是典型引领，重点推进。在重点区域选择用膜大县，推进地膜回收环节补贴，构建捡拾回收加工体系，集中打造一批地膜回收利用示范县，发挥示范效应。

三是多措并举，严格防控。完善法律法规，严格标准规范，强化源头防控，推进机械捡拾，综合施策，严防严控农膜污染。

四是政府引导，多方发力。加大政策支持力度，充分调动地膜生产销售企业、农业生产经营者、回收利用企业、社会化服务组织等多方积极性，共同推进农膜污染防治工作。

（三）行动目标

2017 年，在甘肃、新疆和内蒙古启动建设 100 个地膜治理示范县，通过 2~3 年的时间，实现示范县加厚地膜全面推广使用、回收加工体系基本建立、当季地膜回收率达到 80% 以上，率先实现地膜基本资源化利用。到 2020 年，全国农膜回收网络不断完善，资源化利用水平不断提升，农膜回收利用率达到 80% 以上，"白色污染"得到有效防控。

三、重点任务

（一）推进地膜覆盖减量化

加快地膜覆盖技术适宜性评估，推进地膜覆盖技术合理应用，降低地膜覆盖依赖度，减少地膜用量。加强倒茬轮作制度探索，通过粮棉、菜棉轮作，减少地膜覆盖。示范推广一膜多用、行间覆盖等技术。

（二）推进地膜产品标准化

推动地膜新国家标准颁布实施，地膜厚度标准由0.008mm提高到0.01mm，增加拉伸强度、断裂伸长率，从源头保障地膜的可回收性。配合有关部门加强监管，严格地膜标准执行，严禁生产和使用不合格地膜产品。各地推动出台地膜地方标准，推进0.01mm以上加厚地膜应用。

（三）推进地膜捡拾机械化

加快地膜回收机具的推广应用，加大地膜回收机具补贴力度。在有条件的地区，将地膜回收作为生产全程机械化的必需环节，推动组建地膜回收作业专业组织，全面推进机械化回收。加强地膜回收机具研发和技术集成，推动形成区域地膜机械化捡拾综合解决方案。

（四）推进地膜回收专业化

研究制定地膜回收加工的税收、用电等支持政策，扶持从事地膜回收加工的社会化服务组织和企业，推动形成回收加工体系。引导种植大户、农民合作社、龙头企业等新型经营主体开展地膜回收，推动地膜回收与地膜使用成本联动，推进农业清洁生产。

四、区域重点及技术措施

（一）西北地区

该地区包括新疆、甘肃、宁夏、陕西、青海、山西和内蒙古中西部。该区域年降水量小于400mm的干旱、半干旱农业区以全膜覆盖技术为主，年降水量400mm以上的地区以半膜覆盖技术为主，地膜的主要作用在于防止干旱和增加地温。该地区主要覆膜作物为棉花、玉米、马铃薯。棉花：新疆棉区全面推广使用 0.01mm 以上的加厚地膜，发展地膜回收农机合作社，推进地膜机械化捡拾回收。玉米：甘肃旱作玉米区全面推广使用 0.01mm 以上的加厚地膜，建立人工捡拾专业服务队，示范推广机械化捡拾回收，培育专业化回收企业，提高回收效率。马铃薯：全面推广使用 0.01mm 以上的加厚地膜，在做好人工捡拾回收的基础上，部分地区示范应用全生物可降解地膜和机械化捡拾回收。

（二）东北地区

该地区包括辽宁、吉林、黑龙江三省及内蒙古东四盟（市）。在该区域年降水量 400mm 以上的旱作农业区，主要使用半膜覆盖技术，年降水量 400mm 以下的地区主要使用全膜覆盖技术，地膜的主要作用在于早春增温防旱。该地区大田主要覆膜作物为玉米、花生。玉米：突出地膜使用减量化，探索实施地膜使用区域适宜性评价制度，推广生育期短、地膜依赖度低的玉米品种，逐步减少地膜覆盖面积。花生：推广应用 0.01mm 以上的加厚地膜，重点采取机械化回收作业的方式推进地膜捡拾回收。

（三）华北地区

该地区包括北京、天津、河北、河南、山东。该区域主要使用半膜覆盖技术，地膜的主要作用在于早春增温保墒防草。该地区主要覆膜作物为棉花、花生、蔬菜。棉花：突出地膜使用减量化，推广工厂化育苗和机械化移栽，减少地膜覆盖面积。花生、蔬菜：推广应用 0.01mm 以上的加厚地膜，重点采取地膜机械化捡拾回收，部分蔬菜种植区开展全生物可降解地膜示范应用。

（四）西南地区

该地区包括重庆、四川、贵州、云南、广西、湖北、湖南西部。在该区域主要使用半膜覆盖技术，高山冷凉、季节性干旱严重的地区使用全膜覆盖技术，地膜主要作用在于早春增温防草。该地区主要覆膜作物为烟草、玉米。烟草：全面推广应用 0.01mm 以上的加厚地膜，落实烟草企业地膜回收责任，在重点推动人工回收作业的同时，推进小型机械化捡拾，部分地区可推广使用全生物可降解地膜。玉米：在大力推动捡拾回收的基础上，突出地膜使用减量化，推广应用一膜（两）多用技术。

五、重点工作

（一）建设回收利用示范县

在甘肃、新疆、内蒙古 3 个重点用膜区，以玉米、棉花、马铃薯 3 种覆膜作物为重点，选择 100 个覆膜面积 10 万亩以上的县，建立以旧换新、经营主体上交、专业化组织回收、加工企业回收等多种方式的回收利用机制，整县推进，形成技术可推广、运营可持续、政策可落地、机制可复制的示范样板。

（二）探索生产者责任延伸制度

在甘肃、新疆选择 4 个县探索建立"谁生产、谁回收"的地膜生产者责任延伸制度试点，由地膜生产企业，统一供膜、统一铺膜、统一回收，地膜回收责任由使用者转到生产者，农民由买产品转为买服务，推动地膜生产企业回收废旧地膜。

（三）加强科技创新

依托国家农业废弃物循环利用创新联盟和农业部农膜污染防控重点实验室，重点开展残膜捡拾、加工利用、残膜分离等技术和设备研发。继续在 13 个省（区、市）选择试验示范点，开展全生物可降解地膜和非降解地膜对比试验，鼓励科研院所和企业，加快全生物可降解地膜的研发和推广应用。

（四）推动政策体系建设

推动地膜新标准、农用地膜回收利用管理办法出台，加强对农用地膜生产、使用、回收、再利用等环节监管。推广甘肃、新疆"5个1"综合治理模式。推动对符合条件的地膜回收机具敞开补贴。研究制定地膜回收加工的税收、用电等支持政策。

六、保障措施

（一）强化组织管理

农业部加强对农膜回收行动的指导，定期调度进展，协调指导落实。各省成立由农业厅（局、委）分管负责同志任组长的推进落实领导小组，推进各项措施落实。示范县成立由政府主要负责同志任组长的实施领导小组，明确责任、搞好服务、确保实效。

（二）强化科技指导

各地要组织专家分区域、分作物制定切实可行的农膜回收技术方案，加快新技术、新产品、新设备的示范推广，为农膜回收行动提供全程科技服务。加强对农膜回收专业化服务组织的技术指导，科学推进农膜回收、加工、再利用社会化服务。

（三）强化监测考核

加强地膜应用和残膜污染的基础数据统计工作，进一步完善农田残留地膜污染监测网络，开展地膜残留调查和回收利用率测算，推进农膜回收利用绩效考核。建立农田残膜监测与调查点，构建底数清楚、可考核的数据统计平台。

（四）强化宣传引导

总结宣传各地的好做法、好技术、好经验，相互借鉴，推进交流。充分利用广播、电视、报刊、互联网等媒体，加大相关法律法规的宣传培训力度，提高各级政府及广大农民对农膜回收行动的认识，引导规范农民使用加厚地膜、积极参与地膜回收，营造良好社会氛围。

附录2 《关于加快推进农用地膜污染防治的意见》

各省、自治区、直辖市农业农村（农牧）厅（局、委）、发展改革委、工业和信息化主管部门、财政厅（局）、生态环境厅（局）、市场监管局（厅、委），新疆生产建设兵团农业农村局、发展改革委、工业和信息化委员会、财政局、生态环境局、市场监督管理局：

地膜是重要的农业生产资料。我国地膜覆盖面积大、应用范围广，在增加农作物产量、提高作物品质、丰富农产品供给结构等方面发挥了重要作用。但长期以来重使用、轻回收，造成部分地区地膜残留污染问题日益严重。为加快推进地膜污染防治，推动农业绿色发展，现提出以下意见。

一、总体要求

（一）指导思想

以习近平新时代中国特色社会主义思想为指导，全面贯彻党的十九大及十九届二中、三中全会精神，牢固树立新发展理念，认真落实中央一号文件关于下大力气治理白色污染的要求，以主要覆膜地区为治理重点，以回收利用、减量使用传统地膜和推广应用安全可控替代产品为主要治理方式，健全制度体系，强化责任落实，完善扶持政策，严格执法监管，加强科技支撑，全面推进地膜污染治理，加快建设农业绿色发展新格局，为全面建成小康社会提供有力支撑。

（二）基本原则

统筹兼顾，重点推进。统筹地膜污染的环境压力、农产品供给保障能力和废旧地膜回收利用能力，协同推进生产发展和环境保护，奖惩并举，疏堵结合，重点推进覆膜面积大、残留量高地区的农业绿色发展，保障产业稳定、环境改善。

因地制宜，多措并举。根据不同区域、不同覆膜类型、不同残留程度，以回收利用为主要手段，同时探索源头不用、少用的减量化措施，在部分地区适宜作物上开展安全可控替代产品的推广应用，有效解决地膜污染问题。

强化管理，落实责任。地膜污染治理由地方人民政府负责。各有关部门在本级人民政府的统一领导下，健全工作机制，加强工作督导，做好协同配合，监督指导地膜生产、销售、使用等各主体切实履行主体责任。

政府引导，多方参与。完善以绿色生态为导向的农业补贴制度，发挥市场配置资源的决定性作用，政府重点在地膜使用和回收环节进行引导和支持，在循环利用环节鼓励社会资本投入，培育废旧地膜资源化利用循环产业。

（三）主要目标

到 2020 年建立工作机制，明确主体责任，回收体系基本建立，农膜回收率达到 80% 以上，全国地膜覆盖面积基本实现零增长。到 2025 年，农膜基本实现全回收，全国地膜残留量实现负增长，农田白色污染得到有效防控。

二、完善农田地膜污染防治制度建设

（四）加快法律法规制定

落实严格的农膜管理制度，对农膜生产、销售、使用、回收、再利用等环节加强管理。农业农村部、工业和信息化部、生态环境部、国家市场监督管理总局联合制定农用薄膜管理办法，建立全程监管体系，加强农膜回收利用的法律保障。同时，对地方制定相应办法和规定提出要求。

（五）建立地方负责制度

地方各级人民政府要对本行政区域内的地膜污染防治工作负责，压实地方政府主体责任，明确地膜污染防治的第一责任主体。要结合本地实际，细化任务分工，健全工作机制，加大资金投入，完善政策措施，强化日常监管，确保各项任务落实到位。

（六）建立使用管控制度

加强地膜使用控制，开展地膜覆盖技术适宜性评价，因地制宜调减部分作物覆膜面积，促进地膜覆盖技术合理利用。完善可降解地膜评价认证和降解产物检测评估体系，加强可降解地膜产品操作性、功能性、可控性等的农田适宜性评价，开展新产品的对比试验，进一步降低产品成本，在符合标准基础上开展可降解地膜示范推广。

（七）建立监测统计制度

研究制定农田地膜残留调查技术规范和回收率、残留量等测算方法，进一步完善农田地膜残留和回收利用监测网络，建立健全农田地膜残留监测点，开展常态化、制度化的监测评估。加强地膜使用和回收利用统计工作。

（八）建立绩效考核制度

把地膜污染治理纳入地方政府有关农业绿色发展的考核指标，加强对地膜污染防治的监督和考核，定期通报考核结果，层层传导压力。强化考核结果应用，建立激励和责任追究机制。

三、做好农田地膜污染防治工作落实

（九）规范企业生产行为

地膜生产者应具备产品质量检测能力和相关设备，不得利用再生料进行生产，禁止生产厚度、强度、耐候性能等不符合国家强制性标准的地膜，产品质量检验合格证应当标注地膜推荐使用时间。各地工业和信息化部门负责地膜生产指导工作，市场监督管理部门负责地膜质量监督管理工作。

（十）强化市场监管

地膜销售者采购和销售地膜应当依法查验产品包装、标签、产品质量检验合格证，不得采购和销售不符合国家强制性标准的地膜。各地市场监督管理部门负责地膜流通领域的监督管理工作，依法打击非标地膜的生产和销售。

（十一）推动减量增效

示范推广一膜多用、行间覆盖等技术，加强粮棉、菜棉轮作等轮作倒茬制度探索，降低地膜覆盖依赖度，减少地膜用量。推广机械捡拾、适时揭膜等技术，降低地膜残留风险。鼓励和支持农业生产者使用生物可降解农膜。对利用政府性资金采购的或政府组织集中采购的地膜，有关单位要加强需求确定和履约验收管理，不得采购不合格地膜产品。各地农业农村部门负责指导地膜的科学合理使用工作。

（十二）强化回收利用

坚持政府引导、部门联动、公众参与、多方回收，因地制宜建立政府扶持、市场主导的地膜回收利用体系。推进地膜专业化回收利用，完善废旧地膜回收网络，盘活已有地膜加工再利用能力。明确种植大户、农民合作社、龙头企业等新型经营主体在地膜回收方面的约束性责任，引导相关主体开展废弃地膜回收，鼓励地膜回收利用体系与可再生资源、垃圾处理、农资销售体系等相结合，就近就地、合理布局，确保环保达标。探索推动地膜生产者责任延伸制度试点。对地膜重度污染农田，各地要通过农田综合整治等方式开展存量残膜专项治理。各地农业农村部门负责指导地膜回收利用工作，生态环境部门负责地膜回收利用过程的环境污染防治监督管理工作。

四、加强农田地膜污染防治政策保障

（十三）加大政策扶持力度

中央财政继续支持地方开展废弃地膜回收利用工作，继续推动农膜回收示范县建设。地膜使用量大、污染严重的地区，省级政府可根据当地实际安排地膜回收利用资金，对从事废弃地膜回收的网点、资源化利用主体等给予支持，对机械化捡拾作业等给予适当补贴。

（十四）加强科技支撑

加大对地膜回收捡拾机具、符合国家标准的可降解地膜及其配套农艺技术、高强度地膜、地膜资源化利用等关键技术和设备研发的支持力度。加大符合标准的可降解地膜试验示范力度，针对其可操作性、可控性、经济性、安全性及全生命周期环境影响做好性能验证和技术评价，优先在重点用膜地区开展验证性推广。开展主要农作物地膜覆盖适宜性研究，促进地膜覆盖技术合理利用。

（十五）强化组织保障

各地区、各有关部门要根据本意见精神，明确目标任务、职责分工和具体要求，建立协同推进机制，确保各项政策措施落到实处。农业农村部要会同有关部门对本意见落实情况进行跟踪评估。各地要强化宣传发动，引导公众参与，切实增强农膜生产者、销售者、使用者、回收者自觉履行生态环境责任的积极性和主动性，形成多方参与、共同治理的良好局面。

农 业 农 村 部
国家发展改革委
工业和信息化部
财 政 部
生 态 环 境 部
国家市场监督管理总局
2019 年 6 月 26 日

参考文献

常瑞甫，严昌荣，2012. 中国农用地膜残留污染现状及防治对策［M］. 北京：中国农业科学技术出版社.

李杰，何文清，朱晓禧，2014. 地膜应用及污染防治［M］. 北京：中国农业科学技术出版社.

牛俊义，闫志利，等，2012. 旱地作物地膜覆盖栽培理论与技术［M］. 北京：中国农业科学技术出版社.

申丽霞，2018. 新型环保地膜大田应用研究［M］. 北京：中国农业科学技术出版社.

杨祁峰，刘健，刘祎鸿，2005. 农作物地膜覆盖栽培技术［M］. 兰州：甘肃科学技术出版社.

于立红，刘春梅，2013. 地膜与控释肥料安全使用技术研究［M］. 哈尔滨：东北林业大学出版社.